Sonderpublikation der GTZ, Nr. 211

Catalogue	Tractors	10 - 35	HP
Catalogue	Tracteurs	10 - 35	CH
Katalog	Traktoren	10 - 35	PS
Catálogo	Tractores	10 - 35	CV

Tractors 10 - 35 HP
Catalogue with an introduction in english

Tracteurs 10 - 35 CH
Catalogue avec introduction en français

Traktoren 10 - 35 PS
Katalog mit deutschsprachiger Einführung

Tractores 10 - 35 CV
Catálogo con introducción en castellano

Rudolf Holtkamp
with the assistance of Karola Keitel and Hans Hecht

Eschborn 1988

CIP-Titelaufnahme der Deutschen Bibliothek

Holtkamp, Rudolf: Tractors 10 [ten] - 35 hp: catalogue with an introd. in Engl. = Tracteurs 10 - 35 ch = Traktoren 10 - 35 PS/Rudolf Holtkamp. With the assistance of Karola Keitel and Hans Hecht. [Hrsg.: Dt. Ges. für Techn. Zusammenarbeit (GTZ) GmbH]. - Rossdorf: TZ-Verl.-Ges., 1988

(Sonderpublikation der GTZ; No. 211)
ISBN 3-88085-381-9 (GTZ)

NE: Tractors ten to thirty-five hp; Deutsche Gesellschaft für Technische Zusammenarbeit <Eschborn>: Sonderpublikation der GTZ

Autoren
Rudolf Holtkamp, unter Mitarbeit von Karola Keitel und Hans Hecht

Redaktion
Rudolf Holtkamp

Fotos
Hersteller, Rudolf Holtkamp, Margret Stamm

Zeichnungen
Dieter Bender, Beate Kohlhepp

Titelbildentwurf
Manfred Sehring

Druck
typo-druck-rossdorf gmbh, Bruchwiesenweg 19, D-6101 Roßdorf

Vertrieb
TZ-Verlagsgesellschaft mbH, Postfach 1163, D-6101 Roßdorf

ISBN

Table of contents

		Page
1	Foreword	7
1.1	Introduction	7
1.2	Using the catalogue	11
1.3	Photos of selected tractors	38
2	Present-day models – tractors currently manufactured –	43
2.1	Series products	43
2.2	Current prototypes	110
2.3	Manufacturers of bigger tractors (> 35 HP) in developing countries (selection)	119
3	Historical models – tractors no longer manufactured –	121
4	Register	141
4.1	Index of countries	143
4.2	Index of manufacturers and models	144
4.3	Index of addresses of manufacturers and exporters	147

1 FOREWORD

1.1 Introduction

This catalogue provides a survey of those agricultural tractors which
- are produced and used in developing countries, or
- are being offered for use in developing countries or have been specially developed for this purpose.

With few exceptions, only tractors are considered which have more than two wheels and a maximum engine output of 35 HP (26 kW).

The objective pursued by this catalogue is to illustrate the diversity of solutions available in the field of tractor technology for use under the unique conditions of the tropics and subtropics. A total of more than 90 different models from 23 different countries are presented.

This catalogue addresses persons who
- need to select and purchase tractors and are looking for sources;
- are engaged in the development and/or production of tractors and require a survey of technical solutions available;
- are involved in the selection of suitable models on the basis of comparative tests; or
- are interested in obtaining more detailed information on the role of small tractors in rural and industrial development.

It is also directed at organizations involved in financing these activities.

This catalogue should be regarded in connection with two other publications:

1. Tools for agriculture. A buyer's guide to appropriate equipment (third edition: 1985). Published by I.T.D.G. (Intermediate Technology Development Group), London, in association with the GTZ/GATE, Eschborn, Federal Republic of Germany. Two-wheel tractors are the only mobile motor-driven equipment described in this publication.

2. Four-wheel tractors with engine outputs of up to 35 HP – their role in agriculture and industry in developing countries. Author: Rudolf Holtkamp. A publication of the GTZ, Eschborn, Federal Republic of Germany, 1988. In this work the author investigates in depth the problems involved in the development, production and use of tractors of this size in the developing countries. The tractor catalogue complements this study.

The selection of the tractors for this catalogue was made on an analogous basis as for the second publication. Here, small tractors are defined as field tractors with at least three wheels on at least two axles, and the wheels of at least one driven axle must be equipped with traction tyres. This definition thus excludes for instance single-axle tractors, small four-wheel lawn mowers and construction vehicles, and cross-country transport vehicles, most of which have four-wheel drive. Our definition of a "small tractor" as having "a maximum engine output of 35 HP/26 kW" is a compromise. In the United States and Western Europe tractors with higher engine outputs are still referred to as "small", whereas in Japan and the People's Republic of China the category of "large" tractors begins at engine outputs of as low as approximately 28 HP. Moreover, the label "small" does not necessarily refer to the external dimensions of a tractor; for this reason, small tractors should not be confused with the narrow-track tractors used in vineyards and orchards.

The upper limit of 35 HP/26 kW has not been consistently adhered to. For instance, the "Tinkabi" – with 16 HP – had become very well known in Africa before its production was discontinued in 1985. In 1987 a successor model with the same name appeared, with an engine output of 42 HP/31 kW. Both tractors have been included in the catalogue. In February 1988, the prototype of a "quiet research tractor" developed for use under German conditions was presented at the Institute for Agricultural Engineering of the Technical University of Munich. This tractor is also included, although it currently has an installed engine output of 41 HP/30 kW. In addition, in chapter 2.3 references are included to national manufacturers in various developing countries which offer locally developed tractors also or exclusively with engine outputs higher than the range relevant here.

The main body of the catalogue consists of two sections:

The 1st section ("Present-day models") lists tractors currently manufactured, both those which are manufactured in series and prototypes. They are grouped by country and manufacturer. Virtually all specifications and information provided here have been supplied by the manufacturers or exporters.

In the 2nd section ("Historical models") other technological solutions are presented which were well known and widespread at some time in the past, or are remarkable technical solutions which, however, have never advanced beyond the prototype stage. These data have been obtained predominantly from publications by research and development institutes, or from the manufacturers. The second section is important for its survey of the diversity of technological solutions evident over the last thirty years in the field of "small tractors developed specially for developing countries". It is planned to issue an updated reprint of the catalogue in about three years, but without this historical section.

The ongoing debate on approaches to boosting agricultural production in developing countries often points to a supposed technological and technical gap between "animal traction" on the one hand and "standard tractors" with engine outputs of approx. 50–65 HP on the other hand. Use of single-axle tractors with about 8–13 HP (5–10 kW) has become widespread only for irrigated rice farming; in rainfed

farming these tractors quickly reach the limits of their capabilities for working the soil. Experience especially in Europe has shown the need for a small four-wheel tractor which can be used primarily to facilitate and accelerate soil preparation and transport. A considerable diversity of tractors with three and four wheels "particularly suited to conditions in the developing countries" has emerged. Most of them have been designed to be
- universally usable,
- sturdy and inexpensive,
- simple to operate, to maintain, and to repair, and
- suitable for local production.

The intention was thus to contribute simultaneously to rural and industrial development.

When publicly presented, these developments generally met with great approval, although the subsequent economic and technical success of most of them fell far short of expectations. Only two models were produced in quantities of around 1,000: the "Bouyer/CFDT" in France and French-speaking West Africa, and the "Tinkabi" in Swaziland. Despite their success, production was halted in 1984 and 1985 respectively, at least temporarily. These two tractor types, as well as most of the others, included a platform for transport of goods and persons. This was intended to cater for the tractors' widespread use for transport purposes.

Parallel to this, a tractor industry developed first in Japan, then India, and in recent years the People's Republic of China as well. Tractors with engine outputs of up to 35 HP account for as much as 80% of production.

Small tractors may be divided into three groups, according to their design:

- Universal tractors, engine at the front, operator and implement attachments at the back (either large back wheels and small front wheels, sometimes with additionally front-wheel drive, or four wheels of equal size, sometimes with articulated steering).

- Platform tractors with a platform in the front or back.

- Special designs, such as tool carriers, three-wheel versions, etc.

Examples of each type are shown in the photographs. It is estimated that more than 98% of the compact tractors manufactured in the developing countries and Japan are of the universal tractor type.

On the basis of the applications for which they are suitable, the tractors listed in section 1 can be divided into three groups:

Heavy-duty types
Tractors of this type are particularly well suited for soil preparation in rainfed farming. This group includes most of the Indian tractors, as well as those with approx. 35 HP made in industrialized countries which constitute the smallest models of larger tractor series: e.g. Belarus, Deutz, Same, Steyr.

Medium-duty types
Tractors in this group are largely intended for soil preparation in irrigated rice farming. They include most of the Japanese ("compact tractors"), Korean and Thai tractors, as well as a few models from the People's Republic of China. Most of them are equipped with additionally front-wheel drive.

The narrow-track tractors, most of which are made in Italy, also have medium to lightweight designs; these have four-wheel drive, four wheels of the same size, and articulated or front-wheel steering.

Lightweight types
These include for instance the Başak from Turkey, and Chinese tractors such as the Dong Fang Hong. They are of only limited suitability for soil preparation in rainfed farming or irrigated agriculture.

It is only in India, Thailand, Korea, Japan and, in recent years, the People's Republic of China that small tractors have been introduced as the central piece of equipment in single-farm mechanization. In all other countries, particularly in the industrialized nations, their use complements other, larger tractors. They are also employed for non-agricultural applications (lawn maintenance, street cleaning, construction). This sheds light on the paradox fact that the demand for small tractors in Africa, Latin America and the Middle East is primarily from large farms already equipped with tractors, rather than from smallholder farms, the actual target group for most of the developments listed in section 2.

The practical value of a tractor is determined by the equipment which it can drive. Although most commercially available products (section 1) now use standard three-point hydraulic linkage (category 0 or 1), this is still no guarantee of optimum compatibility of tractor equipment in terms of proper functioning and long service life. The difficulties involved in and the need for the selection of suitable equipment are often underestimated. Thus it is often necessary to add the costs associated with a basic set of equipment (as a rule one attachment each for primary and secondary soil preparation, plus a trailer) to the purchase cost of a tractor.

It has not been possible to include information on prices, since these depend on the amount and type of optional equipment. Although the simpler tractors (e.g. those from India and the People's Republic of China) are less expensive free on board (f.o.b.) in the country of manufacture than the more extensively equipped tractors from Japan, for instance, the difference can be considerably lessened or even reversed as a result of transport costs, conditions of payment, exchange rates and other factors. Thus in October 1985, prices for comparable tractors with between 47 and 67 HP were found to vary in 16 developing countries between US$ 130 and US$ 330 per unit HP. Prices for tractors in the 35 HP category can range from US$ 150 to US$ 400 per unit HP, and for tractors with 20 HP from US$ 200 to US$ 500.

1.2 Using the catalogue

The various entries in the catalogue may be located with the aid of the following:
- Table of contents
- Introduction.

The following can also be found at the back:
- Index of countries
- Index of models
- Index of addresses of manufacturers and exporters.

The central feature of the catalogue consists of the two sections described above.

1st section: Tractors currently manufactured.
This section is subdivided under the headings "series products" and "prototypes". The entries are further arranged by country in alphabetical order and for each country in turn by manufacturer, also arranged alphabetically.

2nd section: Tractors no longer manufactured (series products and prototypes). The second section is organized according to type: universal tractors, platform tractors, three-wheel versions, special types.

Unfortunately, it has not always been possible to indicate whether the engine outputs listed represent SAE HP, BHP, DIN HP or PTO HP in sections 1 and 2. Values for the last three are 5–15% lower than those for SAE HP.

An attempt has been made to devote an entire page to each tractor type. However, in order to prevent the catalogue from becoming too large, some of the entries had to be condensed. Only one tractor type in the 25 HP category is listed for each of the manufacturers from the industrialized countries. The number of other models in the output class in question is indicated in each case. Whenever several versions of the same model are available, if possible the standard basic version has been selected and the plausibility of the derived values, in particular dimensions and weights, has been checked. Licensed products have been indicated as such, where known.

The index of addresses of manufacturers and exporters relates to those listed in section 1 only. The addresses of the manufacturers in section 2 have not been included, since for the most part they are no longer up to date.

The index of models includes all those small tractor types listed in this catalogue.

The data on the Japanese tractors were (by courtesy of the author) taken from:
'87 Japanese Agricultural Machinery Catalogue.
Edited and published by Yoshisuke Kishida,
Shinnorin-sha, Tokyo, Japan.

This catalogue may not be used for placing orders. Information on current technical data, delivery conditions and prices must be obtained by seeking an offer from the manufacturer.

Although the information contained herein has been collected with due care and thoroughness, it must not be regarded as infallible. The authors and the publisher cannot assume any liability for its correctness. The mention of any given tractor in this catalogue cannot be taken as evidence of its specific suitability for use in agriculture in the tropics or subtropics, or that relevant experience has been gained with it.

Should you, as reader and user of this catalogue, have any comment to pass, suggestion to add or request to make, please contact:

The Agricultural Engineering Section
Deutsche Gesellschaft für Technische Zusammenarbeit (GTZ) GmbH
Postfach 51 80
6236 Eschborn
Federal Republic of Germany.

The authors would like to extend special thanks to all those individuals, companies and organizations which have helped make the compilation of this catalogue possible, and in particular to the Institute for Agricultural Engineering at the University of Giessen, and the Federal German Ministry for Economic Cooperation (BMZ), Bonn, which provided the funding.

Sommaire

		Page
1	Avant-propos	15
1.1	Introduction	15
1.2	Remarques concernant l'utilisation du catalogue	19
1.3	Photos de tracteurs sélectionnés	38
2	Petits tracteurs fabriqués actuellement (types actuels)	43
2.1	Produits de série	43
2.2	Prototypes	110
2.3	Fabricants de tracteurs d'une puissance supérieure à 35 ch dans les pays en voie de développement	119
3	Petits tracteurs de séries antérieures (types historiques)	121
4	Index	141
4.1	Liste des pays	143
4.2	Liste des types	144
4.3	Liste d'adresses des fabricants et des exportateurs	147

1 Avant-propos

1.1 Introduction

Le présent catalogue fournit un aperçu des tracteurs agricoles
- fabriqués et utilisés dans les pays en voie de développement,
- proposés ou spécialement conçus pour l'utilisation dans des pays en voie de développement.

A quelques exceptions près, les matériels présentés ici se limitent aux tracteurs comportant plus de deux roues et dont la puissance ne dépasse pas 35 ch/26 kW.

Le but de cet ouvrage est de montrer la diversité des techniques mises en œuvre pour les machines employées dans les conditions particulières de l'agriculture tropicale et subtropicale. Plus de 95 types de tracteurs provenant de 23 pays ont été répertoriés.

Le catalogue s'adresse aux personnes
- qui sélectionnent et achètent ces matériels et cherchent à ce titre des sources d'approvisionnement
- qui conçoivent et construisent des tracteurs et sont désireuses d'obtenir une vue d'ensemble des solutions techniques existantes
- qui effectuent des essais comparatifs à des fins de sélection des machines ou
- qui étudient le rôle des tracteurs dans le développement rural et industriel

ainsi qu'aux organisations assurant le financement des activités énumérées ci-dessus.

Ce catalogue vient compléter deux autres publications:

1. «Tools for agriculture. A buyer's guide to appropriate equipment» (3rd Edition 1985). Edité par l'I.T.D.G. (Intermediate Technology Development Group), Londres, en collaboration avec la GTZ/GATE, Eschborn, R.F.A., cet ouvrage ne traite, dans la rubrique des engins motorisés mobiles, que des tracteurs à un essieu.

2. «Les tracteurs à quatre roues dans la gamme de puissance jusqu'à 35 ch – leur rôle dans l'agriculture et l'industrie des pays en voie de développement». Auteur: Rudolf Holtkamp, publications de la GTZ, Eschborn, 1988.
   L'auteur a effectué une analyse approfondie des problèmes posés par la conception, la fabrication et la mise en œuvre des tracteurs de cette puissance dans les pays en voie de développement. Le présent catalogue complète cette étude.

Le choix des tracteurs présentés dans le catalogue a été opéré selon les mêmes critères que dans l'ouvrage cité ci-dessous. Les petits tracteurs sont définis ici comme des tracteurs agricoles possédant au moins trois roues et deux essieux, les roues devant impérativement être dotées d'un essieu moteur et de pneumatiques «agricoles». Cette définition exclut donc les motoculteurs, les petites tondeuses à gazon à quatre roues, les véhicules de chantier et les véhicules de transport tout terrain, lesquels sont éuqipés dans leur majorité de quatre roues motrices. La définition du petit tracteur comme «une machine dont la puissance n'excède pas 35 ch/26 kW» représente un compromis. En effet, aux Etats-Unis et en Europe, des machines entraînées par un moteur plus puissant sont rangées dans la catégorie des petits tracteurs. Au Japon et en République populaire de Chine par contre, la classe des «gros» tracteurs regroupe les machines à partir de 28 ch. En règle générale, le terme «petit» ne se réfère pas nécessairement à l'encombrement: les petits tracteurs ne doivent donc pas non plus être confondus avec les tracteurs à voie étroite utilisés dans les vignobles et plantations fruitières.

La limite de 35 ch donnée dans la définition n'a pas été respectée systématiquement ainsi que le montre l'exemple du «Tinkabi», tracteur dont le premier modèle de 16 ch avait atteint une grande notoriété en Afrique avant que la fabrication n'en ait été abandonnée en 1985. En 1987, le constructeur a lancé un modèle du même nom mais dont le moteur développe 42 ch/31 kW. Cette machine est répertoriée dans le présent catalogue, de même qu'un autre appareil de puissance identique. Ce dernier a été présenté en janvier 1988 à l'institut de machinisme agricole de l'Université Technique de Munich. Ce «petit tracteur à faible émission sonore», mis au point pour l'agriculture de l'Allemagne de l'Ouest, n'existe actuellement qu'à l'état de prototype.

Par ailleurs, le présent catalogue réunit de brèves informations sur les constructeurs des pays en voie de développement qui proposent des tracteurs de conception locale dont la puissance dépasse le seuil supérieur défini précédemment pour tous ou seulement pour une partie des modèles.

Les deux parties principales de cet ouvrage sont subdivisées en deux sections:

La **première section** fait état des tracteurs proposés actuellement, qu'il s'agisse de prototypes ou de produits de série. Ils y sont groupés par pays et fabricants. Les informations concernant les caractéristiques techniques émanent pour la plupart uniquement des constructeurs et des exportateurs.

La **deuxième section**, à caractère plutôt historique, présente également les solutions techniques qui, dans le passé, avaient atteint un certain niveau de notoriété et de diffusion ou offraient un grand intérêt bien qu'elles n'aient jamais dépassé le stade de prototypes. Les informations réunies ici sont pour la plupart extraites de publications d'instituts de recherche et de développement ou des constructeurs de l'époque. L'importance de cette section réside dans le fait qu'elle montre la diversité technique des «petits tracteurs spécialement conçus pour les pays en voie de développement» au cours des trente dernières années.

Les auteurs prévoient de publier d'ici environ trois ans une nouvelle édition de ce catalogue, laquelle sera amputée de la section 2.

Dans le cadre des discussions menées sur les mesures visant à augmenter la production agricole dans les pays en développement, on met souvent l'accent sur une prétendue lacune entre la traction animale et le tracteur standard de 50 à 65 ch. Le motoculteur de 8 à 13 ch (5 à 10 kW) n'a en effet réussi à s'implanter qu'en riziculture irriguée, son emploi étant très limité en agriculture pluviale. Se basant sur les expériences faites essentiellement en Europe, d'aucuns estiment qu'il faudrait construire un petit tracteur à quatre roues destiné en particulier à faciliter et à accélérer le travail du sol et les transports agricoles. De nombreux modèles à trois et quatre roues ont été présentés comme étant «particulièrement appropriés aux conditions des pays en voie de développement». Ces machines étaient, aux dires des constructeurs,
- d'emploi universel
- robustes et peu coûteuses
- faciles à manier, à entretenir et à réparer
- susceptibles d'être fabriquées dans le pays utilisateur.

La mise en œuvre de ce type de tracteur devait contribuer simultanément au développement rural et au développement industriel. A leur lancement, ces machines ont reçu un accueil des plus favorables – en contradiction totale avec les échecs financiers et techniques essuyés par la suite. Seuls deux modèles ont été fabriqués à plus de 1000 exemplaires: le «Bouyer CFDT» en France et en Afrique francophone et le «Tinkabi» au Swaziland. Leur production a malgré tout dû être abandonnée, tout du moins provisoirement, respectivement en 1985 et 1984. Tout comme ces deux modèles, la plupart des autres petits tracteurs étaient dotés d'un plateau permettant le transport de personnes et de marchandises. Cet équipement avait été installé dans le but de tenir compte de l'utilisation généralisée des tracteurs à des fins de transport. A côté de cela, on a assisté au développement d'une industrie des tracteurs agricoles, tout d'abord au Japon, puis en Inde et, ces dernières années, également en République populaire de Chine, pays dans lequel le tracteur polyvalent dans la gamme de puissance jusqu'à 35 ch représente actuellement 80% de la production.

On distingue trois catégories de petits tracteurs:

- Le **tracteur polyvalent,** moteur à l'avant, conducteur et matériels à l'arrière, petites roues à l'avant et grandes roues à l'arrière, avec parfois un dispositif permettant de rendre les roues avant également motrices, ou modèle à chassis articulé équipé de quatre grandes roues

- Le **tracteur à plateau** à l'avant ou à l'arrière

- Les **tracteurs spéciaux** comme les porte-outils, les modèles à trois roues, etc.

Les machines types de chaque modèle sont illustrées par des photos. On estime que plus de 98% des petits tracteurs construits dans les pays en voie de développement et au Japon sont des tracteurs polyvalents.

Suivant leur utilisation, les tracteurs présentés à la section 1 peuvent être divisés en trois groupes:

Machines lourdes (poids en ordre de marche élevé), convenant particulièrement bien au travail du sol en agriculture pluviale. On citera en exemple les tracteurs indiens dans leur quasi-totalité ainsi que les tracteurs de 35 ch provenant des pays industriels et qui constituent le bas de gamme de séries comportant des machines plus grandes: Belarus, Deutz, Same, Steyr.

Les traceurs moyens à légers, bien adaptés au travail du sol en riziculture irriguée. Cette catégorie de machines comprend la majeure partie des tracteurs fabriqués au Japon (les «tracteurs compacts»), en Corée et en Thaïlande ainsi que quelques produits provenant de Chine populaire. La plupart d'entre eux offrent la possibilité de rendre les roues avant motrices. Les tracteurs à voie étroite, et en particulier ceux d'origine italienne, sont des machines de cette classe; ils possèdent quatre roues motrices de même taille et une direction par chassis articulé ou par roues avant.

Parmi les tracteurs légers figurent le Başak, construit en Turquie, ainsi que quelques machines chinoises telles que le Dong Fang Hong. Ils ne sont cependant que d'un emploi limité en agriculture pluviale et en agriculture irriguée.

Les petits tracteurs ne constituent la pièce maîtresse de la mécanisation des exploitations que dans quelques pays: Inde, Thaïlande, Japon et, ces dernières années, République populaire de Chine. Dans tous les autres pays, notamment les pays industriels, ils sont utilisés en complément des tracteurs lourds. Ils trouvent également une application dans d'autres domaines (entretien des pelouses, nettoyage des rues, chantiers). Ceci explique la contradiction apparante résultant du fait qu'en Afrique, Amérique latine et au Moyen Orient, la demande en petits tracteurs provient essentiellement des grandes exploitations possédant déjà un parc de tracteurs et non des petites exploitations à vocation agricole, groupe-cible des constructeurs dont les modèles sont présentés à la section 2.

La rentabilité d'un tracteur est déterminée par la chaîne de matériels mise en œuvre. Même si, dans leur grande majorité, les appareils construits en série (section 1) sont dotés d'un attelage trois points à relevage hydraulique de Type standard (catégorie 0 ou 1), ceci ne veut pas dire pour autant que la chaîne de travail obtenue soit toujours optimale sur le plan des performances et de la durabilité. Les besoins en outils de même que le problème de leur sélection sont souvent sous-estimés. Au prix des tracteurs, il faut donc souvent ajouter le prix des équipements de base (généralement deux outils pour le travail du sol et une remorque).

Il est impossible de donner une idée des prix puisque ceux-ci sont fonction de l'équipement. Bien sûr, les tracteurs simplifiés (provenant par ex. d'Inde ou de République populaire de Chine) sont moins chers lorsqu'ils sont fournis aux prix F.O.B. que les tracteurs mieux équipés fabriqués au Japon ou en Europe. Ce rapport peut toutefois varier considérablement, voire même s'inverser, lorsque d'autres facteurs interviennent, tels les frais de transport, les conditions de paiement, les disparités de change, etc. C'est ainsi qu'en octobre 1985 on a procédé à une étude des prix des tracteurs de 47 à 67 ch dans 16 pays en voie de développement, laquelle a fait ressortir une fourchette de 130–330 dollars par ch. Cette fourchette est d'env. 150–400 dollars par ch pour les tracteurs de 35 ch, et de 200–500 dollars par ch pour les machines de 20 ch.

1.2 Remarques concernant l'utilisation du catalogue

L'accès aux informations s'opère par le biais
- du sommaire,
- de l'introduction,

ainsi que par les index suivants figurant en fin d'ouvrage:
- liste des pays
- liste des modèles
- liste des constructeurs et des exportateurs.

Les deux sections décrites précédemment constituent le noyau du catalogue.

1ère section: tracteurs proposés actuellement sur le marché. Cette section contient une liste des tracteurs par pays (classés par ordre alphabétique en anglais, (Australia à Yugoslavia)) ainsi qu'une liste alphabétique des constructeurs de chaque pays.

2ème section: tracteurs dont la fabrication a été arrêtée (fabrications de série ou prototypes). Cette partie contient un classement des machines par type: tracteur polyvalent, tracteur à plateau, modèles à trois roues, tracteurs spéciaux.

Les puissances moteur indiquées aux sections 1 et 2 pour certains modèles ne permettent malheureusement pas de faire la distinction entre les ch SAE, BHP, DIN et la puissance à la prise de force (PTO). Ces trois dernières catégories se situent en moyenne entre 5 et 15% en dessous de la puissance exprimée en ch SAE.

Les auteurs se sont efforcés de présenter chaque type de tracteur sur une page entière. Pour ne pas augmenter exagérément le volume du catalogue, il a fallu procéder à quelques regroupements. C'est ainsi que les constructeurs de pays industrialisés ne sont représentés que par un type de tracteur de 25 ch, les autres modèles étant répertoriés dans un tableau. Pour plusieurs équipements optionnels, on a choisi de préférence la version standard simple après avoir vérifié la plausibilité des caractéristiques, notamment de l'encombrement et du poids.

Les données concernant les tracteur japonais provennent de:
'87 Japanese Agricultural Machinery Catalogue.
Edited and published by Yoshisuke Kishida,
Shinnorin-sha, Tokyo, Japan.

Dans le cas des machines fabriquées sous licence, il en a été fait mention – dans la mesure où l'on était en possession de ce renseignement. La liste des constructeurs et exportateurs ne contient que les fabricants de tracteurs de la section 1. On a renoncé à donner les adresses des fabricants de tracteurs de la section 2, qui, pour la plupart, ne sont plus valables.

La liste de types regroupe tous les types de tracteurs décrits dans cet ouvrage.

Ce catalogue ne peut servir à passer des commandes. Toute personne désireuse d'obtenir les caractéristiques techniques, conditions de livraison et prix d'appareils présentés ici devra s'adresser directement aux constructeurs.

Bien que les informations aient été réunies avec le plus grand soin, ceci ne saurait exclure des erreurs éventuelles. Les auteurs et l'éditeur ne peuvent par conséquent garantir l'exactitude des renseignements fournis. Par ailleurs, le fait qu'un appareil figure dans ce catalogue n'autorise pas à conclure qu'il est particulièrement bien adapté à l'agriculture tropicale ou subtropicale.

Si vous désirez, cher lecteur, transmettre des remarques ou compléments d'informations concernant le présent catalogue, adressez-vous à la
Section «Machinisme agricole» (Fachbereich Agrartechnik)
Deutsche Gesellschaft für Technische Zusammenarbeit (GTZ) GmbH,
Postfach 5180,
D-6236 Eschborn.

Qu'il nous soit permis de remercier ici les nombreuses personnes, sociétés et organismes ayant apporté leur concours à l'élaboration de ce catalogue. Nous tenons également à exprimer toute notre reconnaissance à l'Institut de génie rural (Institut für Landtechnik) de l'Université de Giessen ainsi qu'au ministère fédéral de la Coopération économique (BMZ), Bonn, qui a bien voulu fournir l'aide financière nécessaire à notre entreprise.

Inhaltsverzeichnis

		Seite
1	Vorwort	23
1.1	Einführung	23
1.2	Hinweise zur Benutzung des Katalogs	27
1.3	Photos ausgewählter Schlepper	38
2	Derzeit hergestellte Kleinschlepper „Aktuelle Typen“	43
2.1	Serienprodukte	43
2.2	Aktuelle Prototypen	110
2.3	Hersteller leistungsstärkerer (> 35 PS) Schlepper in den Entwicklungsländern	119
3	Nicht mehr hergestellte Kleinschlepper „Historische Typen“	121
4	Register	141
4.1	Verzeichnis der Länder	143
4.2	Verzeichnis der Typen	144
4.3	Verzeichnis der Hersteller- bzw. der Exportadressen	147

1 VORWORT

1.1 Einführung

Der vorliegende Katalog gibt einen Überblick über jene landwirtschaftlichen Traktoren, die
- in Entwicklungsländern produziert und eingesetzt werden;
- für den Einsatz in Entwicklungsländern angeboten werden oder speziell dafür entwickelt wurden.

Mit wenigen Ausnahmen erfolgt eine Beschränkung auf Traktoren mit mehr als zwei Rädern und einer Motorleistung von höchstens 26 kW/35 PS.

Ziel ist es, die Vielfalt der vorhandenen technischen Lösungen von Traktoren für die besonderen Bedingungen der Tropen und Subtropen zu verdeutlichen. Insgesamt sind mehr als 90 Typen aus 23 Ländern erfaßt.

Der Katalog richtet sich an Personen, die diese Schlepper
- auswählen und beschaffen und dafür Bezugsquellen suchen;
- entwickeln und produzieren und einen Überblick über vorhandene technische Lösungen suchen;
- vergleichend erproben und dazu eine Auswahl treffen oder
- ihre Rolle in der ländlichen und industriellen Entwicklung näher erforschen

sowie an Organisationen, die die vorgenannten Maßnahmen finanzieren.

Dieser Katalog ist im Zusammenhang zu sehen mit zwei anderen Publikationen:

1. Tools for Agriculture. A buyer's guide to appropriate equipment
   3rd Edition 1985, published by „Intermediate Technology Development Group" (I. T. D. G.), London, in association with GTZ/GATE, Eschborn, F. R. Germany.
   Dort werden als mobile Motorgeräte lediglich Einachsschlepper nachgewiesen.

2. Holtkamp, R.: Vierradschlepper bis 35 PS – ihre Rolle in Landwirtschaft und Industrie in Entwicklungsländern
   Schriftenreihe der GTZ, Eschborn, 1988
   Der Autor untersuchte umfassend die Problematik der Entwicklung der Produktion und des Einsatzes dieser Schleppergröße in Entwicklungsländern. Der vorliegende Kleinschlepperkatalog ergänzt diese Studie.

Analog zur letztgenannten Publikation erfolgte die Auswahl der Schlepper für diesen Katalog. Kleinschlepper werden hier definiert als Ackerschlepper mit mindestens drei Rädern auf mindestens 2 Achsen, wobei die Räder mindestens einer angetriebenen Achse mit Traktorbereifung versehen sein müssen. Ausgeschlossen sind damit z.B. Einachsschlepper, kleine vierrädrige Rasenmäher oder Baufahrzeuge, geländegängige Transportfahrzeuge, überwiegend mit Allradantrieb. Die hier verwendete Definition des Kleinschleppers als „mit einer Motorleistung bis zu 26 kW/35 PS“ stellt einen Kompromiß dar. In den USA und Westeuropa werden auch Schlepper mit einer größeren Motorleistung noch als „klein“ bezeichnet, in Japan und der VR China dagegen beginnt bereits bei ca. 28 PS die Klasse der „großen“ Traktoren. „Klein“ bezieht sich zudem in der Regel nicht notwendigerweise auf die Außenmaße, Kleinschlepper sollten daher auch nicht mit Schmalspurschleppern für Wein- und Obstanlagen verwechselt werden.

Die Obergrenze 26 kW/35 PS wurde nicht immer eingehalten. So hatte der „Tinkabi“ mit 16 PS in Afrika eine große Bekanntheit erreicht, bevor die Produktion 1985 eingestellt wurde. 1987 erschien ein Nachfolgemodell gleichen Namens mit 31 kW/42 PS. Beide werden hier nachgewiesen. Am Institut für Landmaschinen der Technischen Universität München wurde im Februar 1988 der Prototyp eines für die westdeutschen Verhältnisse entwickelten „Kleinen Forschungsschleppers“ vorgestellt. Auch er findet trotz seiner zunächst installierten Motorleistung von 30 kW/41 PS hier Berücksichtigung. Darüber hinaus wurden bei den jeweiligen Entwicklungsländern kurze Hinweise auf nationale Hersteller gegeben, die lokal entwickelte Schlepper auch oder ausschließlich oberhalb des hier relevanten Leistungsbereichs anbieten.

In seinem Hauptteil besteht der Katalog aus zwei Sektionen:

In der **1. Sektion** werden derzeit hergestellte Schlepper, sowohl Serienprodukte als auch Prototypen, nachgewiesen. Die Angaben zur technischen Ausstattung stammen nahezu ausschließlich von den Herstellern oder Exporteuren.

In der **2. Sektion**, den historischen Teil, werden darüber hinaus solche technischen Lösungen vorgestellt, die in der Vergangenheit einen gewissen Bekanntheitsgrad und Verbreitung erlangt haben, bzw. bemerkenswerte technische Lösungen darstellen, ohne je über das Prototypenstadium hinaus gelangt zu sein. Diese Daten stammen überwiegend aus Veröffentlichungen von Forschungs- und Entwicklungsinstituten oder von den damaligen Herstellern. Die Bedeutung der 2. Sektion liegt im Überblick über die technische Vielfalt, die in den letzten dreißig Jahren bei den „Kleinschleppern speziell für Entwicklungsländer“ zu verzeichnen war. Es wird angestrebt, in ca. drei Jahren eine Neuauflage des Katalogs zu publizieren. Die Sektion 2, der historische Teil, wird dann entfallen.

In Zusammenhang mit der Diskussion von Ansätzen zur Steigerung der landwirtschaftlichen Produktion in Entwicklungsländern wird immer wieder auf eine vermeintliche technologische und technische Lücke zwischen der „tierischen Anspannung“ und dem „Standardschlepper“ mit einer Motorleistung von etwa 50–65 PS hingewiesen. Der Einachsschlepper mit etwa 8–13 PS hat nur im Naßreisanbau Verbreitung gefunden; im Regenfeldbau sind ihm bei der Bodenbearbeitung rasch Grenzen gesetzt. Basierend auf den historischen Erfahrungen

insbesondere aus Europa resultiert die Forderung nach einem kleinen Vierradschlepper, der vor allem Bodenbearbeitung und Transport erleichtern und beschleunigen soll. Eine Vielzahl von technischen Lösungen mit drei oder vier Rädern wurde als „besonders für die Bedingungen in Entwicklungsländern geeignet" vorgestellt. Die meisten von ihnen sollten
- universell einsetzbar,
- robust und preiswert,
- einfach zu bedienen, zu warten und zu reparieren sowie
- lokal zu produzieren sein.

Damit sollte ein Beitrag gleichzeitig zur ländlichen wie industriellen Entwicklung geleistet werden.

Nach den öffentlichen Vorstellungen solcher Entwicklungen war die Resonanz zumeist erheblich – ganz im Gegensatz zu ihren späteren wirtschaftlichen und technischen Erfolgen. Nur zwei Entwicklungen erreichten insgesamt produzierte Stückzahlen von über bzw. knapp 1.000 Einheiten: „Bouyer/CFDT" in Frankreich und dem frankophonen Westafrika, „Tinkabi" in Swaziland. Dennoch wurde 1984 bzw. 1985 ihre Produktion zumindest vorübergehend eingestellt. Wie auch die beiden vorgenannten wiesen die meisten dieser Kleinschlepperentwicklungen eine Plattform auf, die den Transport von Gütern und Personen auf eigener Achse erleichtern sollten. Dem verbreiteten hohen Anteil an Transportarbeiten für Schlepper sollte damit Rechnung getragen werden. Daneben hat sich zunächst in Japan, danach in Indien und in den letzten Jahren auch in der VR China eine Ackerschlepperindustrie entwickelt, in der Universalschlepper bis 35 PS bis zu 80% der produzierten Einheiten ausmachen.

Nach ihrer Bauart lassen sich die Kleinschlepper in drei Gruppen einteilen:

- Universalschlepper, Motor vorn, Fahrer und Geräteanbau hinten (entweder hinten große, vorn kleine Räder, z.T. mit zuschaltbarem Vorderradantrieb oder vier gleich große Räder z.T. als Knicklenker);

- Plattformschlepper, mit Plattform vorn oder hinten;

- Sonderbauarten wie Geräteträger, Dreiradversionen o.a.

Typische Vertreter der jeweiligen Bauart sind an Beispielphotos den Abbildungen zu entnehmen. Es wird geschätzt, daß über 98% der in Entwicklungsländern und Japan produzierten Kleinschlepper die Bauart des Universalschleppers aufweisen.

Nach ihrem Anwendungsprofil lassen sich die in Sektion 1 nachgewiesenen Schlepper in drei Gruppen einteilen:

Schwere Bauart (hohes Leistungsgewicht)
Die Schlepper dieser Bauart sind besonders geeignet für die Bodenbearbeitung

im Regenfeldbau. Als Beispiele sind zu nennen die meisten indischen Schlepper sowie jene Schlepper mit ca. 35 PS aus Industrieländern, die den kleinsten Typ einer größeren Schlepperbaureihe darstellen: z.B. Belarus, Deutz, Same, Steyr.

Mittlere – leichte Bauart
Schlepper dieser Gruppe werden zumeist für die Bodenarbeitung im Naßreisanbau eingesetzt. Hierzu zählen die meisten Schlepper aus Japan („Kompaktschlepper") und Thailand sowie einige Produkte aus der VR China. Die meisten verfügen über einen zuschaltbaren Vorderradantrieb.

Eine mittlere – leichte Bauart weisen auch die insbesondere in Italien produzierten Schmalspurschlepper auf, die mit vier gleichgroßen angetriebenen Rädern, mit Knicklenkung oder Vorderradlenkung ausgestattet sind.

Leichte Bauart
Hier sind z.B. des Başak aus der Türkei und chinesische Schlepper wie der Dong Fang Hong zu nennen. Für die Bodenbearbeitung im Regenfeldbau wie in der Bewässerungslandwirtschaft sind sie nur bedingt geeignet.

Nur in Indien, Thailand, Japan und in den letzten Jahren in der VR China werden Kleinschlepper auf landwirtschaftlichen Betrieben als Schlüsselmaschine einer einzelbetrieblichen Mechanisierung eingesetzt. In allen anderen Ländern, inbesondere den Industrieländern, erfolgt ihr Einsatz komplementär zu vorhandenen Schleppern größerer Leistung. Hinzu kommt die Verwendung im nichtlandwirtschaftlichen Bereich (Rasenpflege, Straßenreinigung, Baustellen). Daraus erklärt sich der scheinbare Widerspruch, daß eine Nachfrage nach Kleinschleppern in Afrika, Lateinamerika und dem Mittleren Osten primär von den großen, bereits schlepperbesitzenden Betrieben erfolgt, nicht jedoch von den landwirtschaftlichen Kleinbetrieben, der Zielgruppe der meisten in Sektion 2 darstellten Entwicklungen.

Der Gebrauchswert eines Schleppers wird bestimmt durch die mit ihm zu betreibenden Geräte. Wenn auch die meisten Serienprodukte (Sektion 1) inzwischen eine Standard-Dreipunkthydraulik (Kategorie 0 oder 1) aufweisen, so ist eine optimale Zuordnung Schlepper-Gerät in Funktion und Haltbarkeit damit noch nicht gewährleistet. Der Bedarf und die Schwierigkeit der Auswahl geeigneter Geräte werden vielfach unterschätzt. Den Kosten der Schlepperanschaffung sind daher vielfach die Kosten für eine Geräte-Grundausstattung (in der Regel je ein Gerät zur Primär- und Sekundärbodenbearbeitung sowie ein Anhänger) noch hinzuzurechnen.

Auf die Angabe von Preisen muß verzichtet werden, da diese von der jeweiligen Ausstattung abhängig sind. Zwar sind die einfacheren Schlepper (z.B. aus Indien oder der VR China) preiswerter frei Hafen im Herstellerland (f.o.b.) als die umfangreicher ausgestatteten Schlepper z.B. aus Japan. Diese Relation kann sich jedoch erheblich verschieben oder gar umkehren, wenn sich Transportkosten, Zahlungsbedingungen, Wechselkursdisparitäten u.a. Faktoren auswirken. So wurden im Oktober 1985 in 16 Entwicklungsländern für vergleichbare Schlepper der 47–67 PS-Klasse Preise von 130–330 US$ je PS ermittelt. Für 35 PS-Schlepper ist mit Preisen von 150–400 US$ je PS, für 20 PS-Schlepper mit 200–500 US$ je PS zu rechnen.

1.2 Hinweise zur Benutzung des Katalogs

Der Zugang zu den Eintragungen erfolgt über
- die Inhaltsübersicht,
- die Einführung

sowie die abschließenden Register mit folgenden Aufstellungen:
- Verzeichnis der Länder
- Verzeichnis der Typen
- Verzeichnis der Hersteller- bzw. der Exportadressen.

Kern des Katalogs und erstes Ordnungskriterium sind die oben beschriebenen zwei Sektionen.

1. Sektion: Schlepper, die derzeit hergestellt werden
Diese Sektion wird eingeteilt in die Rubriken „Serienprodukte" und „Prototypen". Die weitere Reihung erfolgt nach Ländern und zwar alphabetisch nach der englischen Schreibweise (Brazil – Yugoslavia bzw. Australia – United Kingdom). Innerhalb der jeweiligen Länder sind die Eintragungen nach der alphabetischen Reihenfolge der Herstellernamen geordnet.

2. Sektion: Schlepper, die nicht mehr hergestellt werden (Serienprodukte und Prototypen)
Die zweite Sektion ist nach Bauarten gegliedert: Universalbauarten, Plattformschlepper, Dreiradversionen, Sonderbauarten.

Bei den Angaben über die Motorleistung in den Sektionen 1 und 2 kann leider in einigen Fällen nicht näher unterschieden werden zwischen SAE-, BHP-, DIN- oder Zapfwellen-PS (PTO). Die Werte der drei letztgenannten sind um 5–15% kleiner als der Wert der SAE-PS.

Angestrebt wurde, jeden Schleppertyp einzeln ganzseitig darzustellen. Um den Umfang des Katalogs nicht zu sprengen, waren jedoch einige Verdichtungen erforderlich. Hersteller aus Industrieländern sind mit nur je einem Typ der 25 PS-Klassen vertreten. Die Anzahl weiterer Typen der interessierenden Leistungsklasse wird jeweils angegeben. Bei mehreren Ausstattungsvarianten wurde nach Möglichkeit die einfache Standardausführung gewählt und auf Plausibilität der abgeleiteten Werte, insbesondere Maße und Gewichte, überprüft. Falls es sich um Lizenzprodukte handelt, wird – wenn bekannt – darauf hingewiesen.

Die Daten der japanischen Schlepper wurden mit freundlicher Genehmigung entnommen aus:
'87 Japanese Agricultural Machinery Catalogue.
Edited and published by Yoshisuke Kishida,
Shinnorin-sha, Tokyo, Japan.

Das Verzeichnis der Hersteller- bzw. Exportadressen bezieht sich nur auf Hersteller von Schleppern der Sektion 1. Die Adressen der Hersteller von Schleppern der Sektion 2 wurden nicht mit aufgenommen, da sie zum großen Teil nicht mehr aktuell sind.

Das Verzeichnis der Typen enthält alle in diesem Katalog beschriebenen Kleinschleppertypen.

Nach diesem Katalog kann nicht bestellt werden. Um aktuelle technische Daten, Lieferbedingungen und Preise zu erhalten, ist die Einholung eines Angebots beim Hersteller unverzichtbar.

Obwohl die Daten mit der gebotenen Sorgfalt zusammengetragen wurden, lassen Fehler und Irrtümer sich nicht ausschließen. Autoren und Herausgeber können keine Gewähr für die Richtigkeit der Informationen übernehmen. Eine Erwähnung in diesem Katalog läßt zudem keine Rückschlüsse auf besondere Eignung für oder Erfahrungen in der Landwirtschaft der Tropen und Subtropen zu.

Sollten Sie, liebe Leser und Nutzer dieses Katalogs, Hinweise, Ergänzungen und Wünsche haben, so richten Sie diese bitte an:

Fachbereich Agrartechnik
Deutsche Gesellschaft für Technische Zusammenarbeit (GTZ), GmbH
Postfach 5180
D-6236 Eschborn

An dieser Stelle sei allen Personen, Firmen und Organisationen gedankt, die die Zusammenstellung dieses Katalogs möglich machten, insbesondere dem Institut für Landtechnik der Universität Gießen sowie dem Bundesministerium für wirtschaftliche Zusammenarbeit, BMZ, Bonn, das die finanziellen Mittel zur Verfügung stellte.

Indice

		Paginá
1	Prólogo	31
1.1	Introducción	31
1.2	Instrucciones para el uso del Catálogo	35
1.3	Fotografías de algunos tractores seleccionados	38
2	Tractores pequeños fabricados actualmente „Tipos actuales“	43
2.1	Productos de serie	43
2.2	Prototipos actuales	110
2.3	Fabricantes de tractores grandes (> 35 CV) en países en vías de desarrollo	119
3	Tractores pequeños que ya no se fabrican „Tipos históricos“	121
4	Registros	141
4.1	Registro de países	143
4.2	Registro de tipos	144
4.3	Registro de fabricantes y exportadores	147

1 Prologo

1.1 Introducción

El presente Catálogo contiene un resumen de los tractores agrícolas que
- se fabrican y utilizan en países en vías de desarrollo,
- se ofrecen o se han construido especialmente para países en vías de desarrollo.

Con pocas excepciones, la relación se ha limitado a tractores con más de dos ruedas y una potencia máxima de 35 CV (26 kW).

El objetivo propuesto consiste en aclarar la variedad de soluciones técnicas existences en materia de tractores para las condiciones especiales de las regiones tropicales y subtropicales. La relación comprende, en total, más de 90 modelos de 23 países.

El Catálogo va dirigido a las personas que
- eligen y adquieren estos tractores y buscan las respectivas fuentes de suministro,
- construyen y fabrican estos tractores y buscan información sobre las soluciones técnicas disponibles,
- realizan ensayos comparativos y llevan a cabo una selección, o
- analizan el rol que desempeñan los tractores en el desarrollo agrícola e industrial,

así como a las organizaciones que financian estas medidas.

Este Catálogo debe analizarse en relación con otras dos publicaciones:

1. Tools for Agriculture. A buyer's guide to appropriate equipment
   3ª Edición 1985, publicada por "Intermediate Technology Development Group" (I.T.D.G.), Londres, en colaboración con GTZ/GATE, Eschborn, República Federal de Alemania. Esta publicación contiene sólo tractores de un eje o motocultores, como vehículos a motor.

2. Holtkamp, R., 1988: Vierradschlepper bis 35 PS – ihre Rolle in Landwirtschaft und Industrie in Entwicklungsländern (Tractores de cuatro ruedas hasta 35 CV y su rol en la agricultura y la industria en países en vías de desarrollo). Publicaciones de la GTZ, Eschborn.
   El autor realiza un amplio análisis de la problemática del desarrollo de la producción y utilización de tractores de esta potencia en países en vías de desarollo. El presente Catálogo de tractores pequeños completa este estudio.

La elección de los tractores para este Catálogo se realizó de forma análoga al de la publicación citada en último lugar. Los tractores pequeños se definen aquí como tractores agrícolas con tres ruedas como mínimo sobre dos ejes como mínimo, debiendo estar provistas de neumáticos para tractores las ruedas de un eje accionado, como mínimo. Con ello quedan exceptuados, por ejemplo, motocultores, cortacéspedes pequeños de cuatro ruedas o vehículos de obras o vehículos de transporte todoterreno, generalmente con tracción total. La definición del tractor pequeño "con una potencia del motor hasta 35 CV (26 kW)" utilizada aquí, representa un compromiso. En EEUU y en Europa Occidental se consideran aún como "pequeños" también los tractores con una mayor potencia de motor, mientras que en cambio, en Japón y en la República Popular China la categoría de los tractores "grandes" y empieza a partir de aproximadamente 28 CV. Por otra parte, la denominación de "pequeño" no se refiere necesariamente, por regla general, a las dimensiones exteriores, por lo que los tractores pequeños no deben confundirse tampoco con tractores de vía estrecha para viñas y plantaciones frutales.

No siempre se ha observado el límite superior de 35 CV (26 kW). Así, por ejemplo, el "Tinkabi", de 16 CV, alcanzó una gran popularidad antes de que fuera suspendida la producción en 1985. En 1987 apareció un nuevo modelo con el mismo nombre y 41 CV (30 kW). Este está incluido en esta relación. En el Instituto de Maquinaria Agrícola de la Universidad Técnica de Munich, se presentó en febrero de 1988 el prototipo de un "Tractor pequeño de investigación", construido para las condiciones existentes en Alemania Occidental, el cual se ha tenido también en cuenta, aquí, a pesar de la potencia instalada, por el momento, de 41 CV (30 kW).

Además, en los respectivos países en vías de desarrollo se ha incluido una breve información sobre fabricantes nacionales que ofrecen tractores de producción local también o exclusivamente con una potencia superior a la gama contemplada aquí.

En su parte principal el Catálogo se compone de dos secciones:

En la **Primera Sección** figuran tractores fabricados actualmente, tanto modelos de serie como prototipos: Están agrupados por países y fabricantes. Los datos relativos al equipo técnico proceden casi exclusivamente de los mismos fabricantes o exportadores.

En la **Segunda Sección**, la parte histórica, se exponen además las soluciones técnicas que en el pasado alcanzaron una cierta popularidad y divulgación, o que constituyen soluciones técnicas dignas de mención, sin haber pasado nunca de la fase de prototipo. Estos datos proceden, en su mayor parte, de publicaciones de institutos de investigación y desarrollo o de sus antiguos fabricantes. La importancia de la Segunda Sección radica en que ofrece un panorama de la gran variedad registrada durante los últimos treinta años en el campo de los "tractores pequeños especialmente diseñados para países en vías de desarrollo". Se proyecta una nueva edición del Catálogo para dentro de unos tres años, aproximadamente, en la que se suprimirá la Segunda Sección o parte histórica.

En relación con la discusión sobre iniciativas para el incremento de la producción agrícola en países en vías de desarrollo, se hace referencia frecuentemente a una supuesta laguna técnica y tecnológica entre la "tracción animal" y el "tractor standard" con una potencia de motor de 50 CV a 65 CV, aproximadamente. El motocultor con una potencia de 8 CV a 13 CV, aproximadamente, sólo ha encontrado aceptación en los cultivos de arroz en agua; en los cultivos de secano con agua de lluvia llega rápidamente a sus límites en las labores de trabajo del suelo. Sobre la base de las experiencias históricas, especialmente en Europa, se pedía un tractor pequeño de cuatro ruedas que facilitara y acelerara sobre todo la preparación del terreno y el transporte. Se presentaron una gran variedad de soluciones técnicas con modelos de tres y cuatro ruedas como "especialmente aptos para las condiciones en países en vías de desarrollo". La mayor parte de ellos debía ser

- de uso universal,
- robusto y económico,
- fácil de manejar, de mantener y de reparar, así como
- de fabricación local.

De este modo se contribuiría simultáneamente al desarrollo rural e industrial.

La presentación pública de estos modelos tuvo una considerable repercusión, muy al contrario de sus posteriores éxitos técnicos y económicos. Sólo dos modelos alcanzaron cifras totales de producción de más o apenas 1.000 unidades: "Bouyer/CFDT" en Francia y en el Africa occidental de habla francesa, y "Tinkabi" en Swazilandia. No obstante, su producción fue suspendida, al menos temporalmente, en 1984 y 1985, respectivamente. Como los dos anteriormente citados, la mayor parte de estos tractores pequeños disponían también de una plataforma para facilitar el transporte de carga y personas sobre el eje propio, con lo cual se quería corresponder al gran número de trabajos de transporte que deben realizar estos tractores. Paralelamente se ha desarrollado, primero en Japón y después en la India y, en los últimos años, también en la República Popular de China, una industria de tractores agrícolas, en la que los tractores universales de una potencia hasta 35 CV, representan hasta un 80% de las unidades producidas.

Por sus características de construccion, los tractores pequeños pueden dividirse en tres grupos:

- Tractores universales (motor delante, conductor y aperos detrás, ruedas grandes detrás y pequeñas delante, en parte con tracción conectable a las ruedas delanteras o en versión de dirección articulada con cuatro ruedas del mismo tamaño).

- Tractores de plataforma (con plataforma delante o detrás).

– **Construcciones especiales,** tales como porta-aperos, versiones de tres ruedas, etc.

En las fotos pueden verse típicos representantes de cada tipo. Se calcula que más del 98% de los tractores fabricados en países en vías de desarrollo y en Japón corresponden al tipo de tractor universal.

En cuanto a sus aplicaciones, los tractores comprendidos en la Sección 1 pueden dividirse en tres grupos:

Construcción pesada (elevado peso por unidad de potencia). Los tractores de este tipo son especialmente aptos para los trabajos de preparación del terreno en los cultivos de secano con agua de lluvia. Como ejemplo cabe citar a la mayor parte de los tractores indios, así como los tractores con una potencia aproximada de 35 CV fabricados en países industrializados, que representan el modelo más pequeño de una serie de tractores grandes; p.ej., "Belarus", "Deutz", "Same", "Steyr".

Construcción media ligera
Los tractores de este grupo se utilizan en su mayor parte en los trabajos de preparación del terreno en los cultivos de arroz en agua. Pertenecen a este grupo la mayoría de los tractores fabricados en Japón ("tractores compactos") y Tailandia, así como algunos fabricados en la República Popular de China. La mayor parte de ellos dispone de tracción conectable a las ruedas delanteras.

Una construcción media ligera tienen también los tractores de vía estrecha fabricados especialmente en Italia, equipados con cuatro ruedas motrices de igual tamaño, con dirección articulada o con dirección a las ruedas delanteras.

Construcción ligera
En esta categoría pueden citarse, por ejemplo, el „Basak", de Turquía, y algunos tractores chinos, como el „Dong Fang Hong". Sólo son aptos bajo determinadas condiciones para el laboreo del suelo tanto en los cultivos de secano como en los de regadío.

Sólo en la India, Tailandia, Japón y, en los últimos años, en la República Popular de China se utilizan los tractores pequeños como máquina clave de una mecanización individual en explotaciones agrícolas. En todos los demás países, especialmente en los industrializados, su empleo es complementario del de otros de mayor potencia. A ello hay que añadir la utilización en otros trabajos no agrícolas (cuidado del césped, limpieza de carreteras, obras). Con ello queda aclarada la aparente contradicción de que la demanda de tractores pequeños en Africa, Latinoamérica y Oriente Medio proceda fundamentalmente de las grandes empresas, que ya disponen de tractores, y no de las pequeñas explotaciones agrícolas, que son el grupo al que se destinan la mayoría de las construcciones expuestas en la Sección 2.

El valor de utilización de un tractor está determinado por los aperos utilizados con él. Si bien la mayoría de los productos de serie (Sección 1) disponen entretanto de un enganche hidráulico de tres puntos standard (categoría 0 ó 1), con ello no está aún asegurada una óptima relación tractor-apero, en cuanto a su functionamiento y duración. Con frecuencia se subvaloran las necesidades y las dificultades de elección de los aperos adecuados. A los gastos de adquisición del tractor habrá que añadir, por consiguiente, en muchos casos los costes de un equipo de aperos básico (por regla general, un apero para el laboreo primario y secundario del suelo, respectivamente, y un remolque).

No es posible indicar los precios porque dependen del equipo repectivo. Es cierto que los tractores más sencillos (p. ej., de la India o de la República Popular de China) son más económicos franco puerto en el país de fabricación (F.O.B.) que los tractores con un equipo más completo, como, por ejemplo, del Japón. No obstante, esta relacion puede variar sensiblemente, o incluso invertirse, bajo la repercusión de los costes de transporte, condiciones de pago, disparidades en los tipos de cambio y otros factores. Así, por ejemplo, en octubre de 1985 se registraron en 16 países en vías de desarrollo precios entre 130 y 330 $USA/CV para tractores comparables de la categoría de 47–67 CV. Para tractores de 35 CV hay que contar con precios de 150–400 $USA/CV y de 200–500 $USA/CV para tractores de 20 CV.

1.2 Instrucciones para el uso del Catálogo

El acceso a los datos se obtiene a través de
- la Tabla de Materias,
- la Introducción,

y de los registros finales con los siguientes datos:
- Lista de los países
- Lista de los tipos
- Lista de los fabricantes y exportadores.

El núcleo del catálogo y primer criterio de ordenamiento son las dos secciones descritas más arriba.

Secciòn 1: Tractores fabricados actualmente.
Esta sección está dividida en los rubros "Productos de serie" y "Prototipos". La siguiente clasificación se hace por países, siguiendo el orden del alfabeto inglés (Brasil–Yugoslavia). Dentro de cada país las indicaciones siguen el orden alfabético del nombre de los fabricantes.

Sección 2: Tractores que ya no se fabrican (Productos de serie y Prototipos)
La segunda sección está ordenada por tipos: Tipos universales, tractores de plataforma, versiones de tres ruedas, construcciones especiales.

En los datos relativos a la potencia del motor, en las secciones 1 y 2, no es posible, en algunos casos, hacer una distinción más exacta entre caballos SAE, BHP y DIN o en la toma de fuerza (PTO). Los valores de los tres últimos son entre 5% y 15% inferiores a los CV SAE.

Se deseaba ofrecer una reproducción a toda página de cada modelo de tractor, pero para no rebasar el volument del Catálogo han sido necesarias algunas reducciones. Fabricantes de países industrializados están representados sólo con un modelo de la categoría de 25 CV en cada caso, con indicación de otros modelos de la categoría de potencias que interesa. En caso de existir varias variantes de equipamiento se ha elegido, en lo posible, la versión standard sencilla y se ha verificado la plausibilidad de los valores deducidos, en especial los relativos a pesos y medidas. Si se trata de productos fabricados bajo licencia se indica, si se conoce.

La lista de los fabricantes y exportadores se refiere sólo a fabricantes de tractores de la Sección 1. No se han incluido los nombres de los fabricantes de tractores de la Sección 2 porque ya no corresponde a la actualidad en su mayor parte.

La lista de los tipos contiene todos los modelos de tractores pequeños descritos en este Catálogo.

No es posible servirse de este Catálogo para hacer los pedidos. Para obtener datos técnicos actuales, condiciones de suministro y precios, es imprescindible solicitar una oferta al fabricante.

A pesar del esmero puesto en la recopilación de los datos, son inevitables faltas y errores. Los autores y el editor no pueden asumir ninguna responsablidad respecto a la corrección de los datos. Una mención en este Catálogo no permite, además, sacar ninguna conclusión respecto a una especial aptitud o exprïencias en la agricultura de las regiones tropicales y subtropicales.

En caso de que Vd., estimado lector y usuario de este Catálogo, desee más detalles e información, diríjase, por favor, a:

Fachbereich Agrartechnik
Deutsche Gesellschaft für Technische Zusammenarbeit (GTZ), GmbH
Postfach 51 80
6236 Eschborn
República Federal de Alemania

Finalmente queremos agradecer aquí su colaboración a todas las personas, empresas y organizaciones que han hecho posible la elaboración de este Catálogo, en especial al Institut für Landtechnik de la Universidad de Giessen, y al Ministerio Federal de Cooperación Económica (BMZ), Bonn, que puso a disposición los recursos financieros.

Country
Pays
País

Manufacturer
Fabricant
Fabricante

Model
Type
Tipo

Engine/Moteur/Motor

Power: kW (HP) at RPM ( )
Puissance: kW (CH) à tr/mn
Potencia: kW (CV) r.p.m.

SAE ☐ BHP ☐ DIN ☐ PTO ☐ ? ☐

Max. torque: Nm at RPM /
Couple maxi: Nm à tr/mn
Par motor máx.: Nm/r.p.m.

No. of cylinders ☐ Capacity ☐
Nbre de cylindres Cylindrée cm³
Número de cilindros: Cilindrada

Cooling system: air ☐ water ☐ ? ☐
Refroidissement: à air à eau
Refrigeración: aire agua

Fuel: diesel ☐ gasoline ☐ ? ☐
Carburant: diesel essence
Combustible: diesel nafta

Start: by hand ☐ electrical ☐ ? ☐
Démarrage: manuel électrique
Arranque: manual eléctrico

Clutch/Embrayage/Embrague

Disc(s) ☐ belt ☐ hydraulic ☐ ? ☐
Disque(s) courroie hydraulique
Disco(s) correa hidráulico

Transmission/Ensemble mécanique/Cambio de velocidades

No. of gears forward/reverse /
Nombre de vitesses AV/AR
Velocidades adelante/atrás

speed min.-max., forward/reverse /
vitesse min.-max., AV/AR km/h
velocidad mín/máx. adelante/atrás

Tire size/Pneumatiques/Neumáticos

front ☐ rear ☐
avant arrière
delante detrás

differential lock: yes ☐ no ☐ ? ☐
blocage différentiel: oui non
bloqueo del diferencial: sí no

Implement attachment/Attelage/Montaje de aperos

3-point-hitch ☐ category / special frame ☐
3 points catégorie construct. spéciale
Eng. tres puntos Categoría construc. especial

by hand ☐ hydraulic ☐ lifting capacity ☐
manuel hydraulique force de levage
manual hidráulico fuerza de elevación

Power take-off/Prise(s) de force/Toma de fuerza

rear ☐ middle ☐ front ☐
arrière ventrale avant
detrás centro delante

☐ RPM tr/mn r.p.m. ☐

Dimensions/Encombrement/Dimensiones y pesos

Width ☐ ground clearance ☐ wheel base ☐
Largeur mm garde au sol mm empattement mm
Anchura altura sobre suelo dist. entre ejes

turning circle ☐ wheel track -
cercle de braquage ∅ mm voie mm
radio de giro vía desde-hasta

weight ☐ payload (if platform) ☐
poids à vide kg charge utile du plateau kg
tara carga útil con plataforma

Safety frame/arceau de protection/Arco de seguridad

yes ☐ no ☐
oui non
sí no

Options/Equipement optionnel/Accesorios

Weights ☐ sun canopy ☐ cabin ☐
Masses toit pare-soleil cabine
Lastre parasol cabina

belt pulley ☐ crank handle ☐
poulie manivelle
polea manivela

Manufacturer offers/Gamme de production du fabricant/El fabricante ofrece

☐ similar model(s) - kW
version(s) similaire(s)
tipo(s) de igual construcción

☐ different model(s) - kW
version(s) différente(s)
tipo(s) de diferente construcción

Remarks/Remarques/Observaciones

1 kW ≙ 1,36 CV
1 CV ≙ 0,736 kW

☒ or [no.] = standard, ✱ = optional, ? = not known, 1 daN ≙ 1kg, W = dependent pto, B = with brakes
☒ ou [Nombre] = Standard, ✱ = Options, ? = non connu, 1 daN ≙ 1kg, W = P.d.F. proport. à l'avance., B = avec freins
☒ o [cifra] = Standard, ✱ = Equipo especial, ? = desconocido, 1 daN ≙ 1kg, W = T. d. f. dep. del camino, B = con freno

Universal tractors, heavy

EICHER Chandi, INDIA

AGRALE 4100, BRAZIL

AGRO-UTIL "B", USA

BAŞAK 17, TURKEY

Platform tractors

LISTER Pico,
UNITED KINGDOM

CENTAUR,
UNITED KINGDOM

TINKABI,
SWAZILAND

PANGOLIN,
CÔTE D'IVOIRE

AGROSTAR,
SWITZERLAND

NIAE MONOWHEEL,
UNITED KINGDOM

Special constructions

GOLDONI
933 RS,
ITALY
Vineyard-tractor,
narrow
track,
articulated
steering

ENTI 4200,
NETHER-LANDS
tool
carrier,
row crop
tractor

J. CHAROEN-CHAI
JCT 0104,
THAILAND
Front wheel
drive,
articulated
steering

2 Present-day models

– tractors currently manufactured –

2.1 Series products

Country / Pays / Land: **BRAZIL**

Manufacturer / Fabricant / Hersteller: **AGRALE S.A.**

Model / Type / Typ: **4100/24 (4 × 2)**

Engine/Moteur/Motor

Power: kW (HP) at RPM / Puissance: kW (CH) à tr/mn / Leistung: kW (PS) bei U/min: [12 (16) 2750]

Cooling system / Refroidissement / Kühlung: air / à air / Luft [X] water / à eau / Wasser [ ] ? [ ]

SAE [ ] BHP [ ] DIN [ ] PTO [ ] ? [ ]

Max. torque: Nm at RPM / Couple maxi: Nm à tr/mn / Maximales Drehmoment: Nm bei U/min: [37 / 1800]

Fuel / Carburant / Kraftstoff: diesel / diesel / Diesel [X] gasoline / essence / Benzin [ ] ? [ ]

No. of cylinders / Nbre de cylindres / Anzahl der Zylinder: [1]

Capacity / Cylindrée / Hubraum: [668] cm³

Start / Démarrage / Start: by hand / manuel / von Hand [ ] electrical / électrique / elektrisch [X] ? [ ]

Clutch/Embrayage/Kupplung

Disc(s) / Disque(s) / Scheibe(n) [1] belt / courroie / Riemen [ ] hydraulic / hydraulique / hydraulisch [ ] ? [ ]

Transmission/Ensemble mécanique/Getriebe

No. of gears forward/reverse / Nombre de vitesses AV/AR / Gänge vor-/rückwärts: [7 / 3]

speed min.-max., forward/reverse / vitesse min.-max., AV/AR / Geschwindigkeit min.-max., vor-/rückwärts: [1 – 16 / 2 – 9] km/h

differential lock / blocage différentiel / Differentialsperre: yes / oui / ja [X] no / non / nein [ ] ? [ ]

Tire size/Pneumatiques/Bereifung

front / avant / vorn [4 × 15] rear / arrière / hinten [8,3 / 8 × 24]

Implement attachment/Attelage/Geräteanbau

3-point-hitch / 3 points / Dreipunkt [X] category / catégorie / Kategorie [/] special frame / construct. spéciale / Sonderkonstruktion [X]

by hand / manuel / von Hand [ ] hydraulic / hydraulique / hydraulisch [X] lifting capacity / force de levage / Hubkraft [330] daN

Power take-off/Prise(s) de force/Zapfwelle

rear / arrière / hinten [1] middle / ventrale / mittig [ ] front / avant / vorn [ ]

[966, 1294] RPM tr/mn U/min [ ]

Dimensions/Encombrement/Maße und Gewichte

Width / Largeur / Breite [?] mm ground clearance / garde au sol / Bodenfreiheit [300] mm wheel base / empattement / Radstand [1205] mm

turning circle / cercle de braquage / Wendekreis [?] ∅ mm wheel track / voie / Spurweite [736 - 976] mm

weight / poids à vide / Leergewicht [1100] kg payload (if platform) / charge utile du plateau / Nutzlast bei Plattform [ ] kg

Safety frame/arceau de protection/Sicherheitsbügel

yes / oui / ja [ ] no / non / nein [X]

Options/Equipement optionnel/Zubehör

Weights / Masses / Ballastgewicht [ ] sun canopy / toit pare-soleil / Sonnendach [ ] cabin / cabine / Kabine [ ]

belt pulley / poulie / Riemenscheibe [ ] crank handle / manivelle / Handkurbel [ ]

Manufacturer offers/Gamme de production du fabricant/Hersteller bietet an

[1] similar model(s) / version(s) similaire(s) / Typ(en) gleicher Bauart [12 -] kW

[ ] different model(s) / version(s) différente(s) / Typ(en) anderer Bauart [-] kW

Remarks/Remarques/Anmerkungen ....

[X] or [no.] = standard, * = optional, ? = not known, 1 daN ≘ 1kg, W = dependent pto, B = with brakes
[X] ou [Nombre] = Standard, * = Options, ? = non connu, 1 daN ≘ 1kg, W = P.d.F. proport. à l'avance., B = avec freins
[X] oder [Zahl] = Standard, * = Sonderausstattung, ? = nicht bekannt, 1 daN ≘ 1kg, W = Wegzapfwelle, B = mit Bremse

Country / Pays / Land: **BRAZIL**

Manufacturer / Fabricant / Hersteller: **AGRALE S.A.**

Model / Type / Typ: **4300 (4 × 2)**

Engine/Moteur/Motor

Power: kW (HP) at RPM / Puissance: kW (CH) à tr/mn / Leistung: kW (PS) bei U/min: 22 (30) 3000

SAE [X] BHP [ ] DIN [ ] PTO [ ] ? [ ]

Max. torque: Nm at RPM / Couple maxi: Nm à tr/mn / Maximales Drehmoment: Nm bei U/min: 78 / 2200

No. of cylinders / Nbre de cylindres / Anzahl der Zylinder: 2

Capacity / Cylindrée / Hubraum cm^3: 1270

Cooling system / Refroidissement / Kühlung: air / à air / Luft [X] water / à eau / Wasser [ ] ? [ ]

Fuel / Carburant / Kraftstoff: diesel / diesel / Diesel [X] gasoline / essence / Benzin [ ] ? [ ]

Start / Démarrage / Start: by hand / manuel / von Hand [ ] electrical / électrique / elektrisch [X] ? [ ]

Clutch/Embrayage/Kupplung

Disc(s) / Disque(s) / Scheibe(n) [1] belt / courroie / Riemen [ ] hydraulic / hydraulique / hydraulisch [ ] ? [ ]

Transmission/Ensemble mécanique/Getriebe

No. of gears forward/reverse / Nombre de vitesses AV/AR / Gänge vor-/rückwärts: 6 / 2

speed min.-max., forward/reverse / vitesse min.-max., AV/AR / Geschwindigkeit min.-max., vor-/rückwärts km/h: 3 – 22 / 3 – 10

Tire size/Pneumatiques/Bereifung

front / avant / vorn: 6 × 16 rear / arrière / hinten: 14,9 / 13 × 24

differential lock / blocage différentiel / Differentialsperre: yes / oui / ja [X] no / non / nein [ ] ? [ ]

Implement attachment/Attelage/Geräteanbau

3-point-hitch / 3 points / Dreipunkt [X] category / catégorie / Kategorie: / special frame / construct. spéciale / Sonderkonstruktion [X]

by hand / manuel / von Hand [ ] hydraulic / hydraulique / hydraulisch [X] lifting capacity / force de levage / Hubkraft daN: ?

Power take-off/Prise(s) de force/Zapfwelle

rear / arrière / hinten [1] middle / ventrale / mittig [ ] front / avant / vorn [ ]

RPM / tr/mn / U/min: 540, 1000

Dimensions/Encombrement/Maße und Gewichte

Width / Largeur mm / Breite: 1830 ground clearance / garde au sol / Bodenfreiheit mm: 380 wheel base / empattement mm / Radstand: 1500

turning circle / cercle de braquage / Wendekreis ∅ mm: 7800 wheel track / voie / Spurweite mm: 1150 - 1442

weight / poids à vide / Leergewicht kg: 1820 payload (if platform) / charge utile du plateau / Nutzlast bei Plattform kg:

Safety frame/arceau de protection/Sicherheitsbügel

yes / oui / ja [ ] no / non / nein [X]

Options/Equipement optionnel/Zubehör

Weights / Masses / Ballastgewicht [ ] sun canopy / toit pare-soleil / Sonnendach [ ] cabin / cabine / Kabine [ ]

belt pulley / poulie / Riemenscheibe [ ] crank handle / manivelle / Handkurbel [ ]

Manufacturer offers/Gamme de production du fabricant/Hersteller bietet an

1 similar model(s) / version(s) similaire(s) / Typ(en) gleicher Bauart kW: 26 -

different model(s) / version(s) différente(s) / Typ(en) anderer Bauart kW: -

Remarks/Remarques/Anmerkungen

[X] or [no.] = standard, * = optional, ? = not known, 1 daN ≘ 1kg, W = dependent pto, B = with brakes
[X] ou [Nombre] = Standard, * = Options, ? = non connu, 1 daN ≘ 1kg, W = P.d.F. proport. à l'avance., B = avec freins
[X] oder [Zahl] = Standard, * = Sonderausstattung, ? = nicht bekannt, 1 daN ≘ 1kg, W = Wegzapfwelle, B = mit Bremse

Country / Pays / Land: **CHINA (P.R.)**

Manufacturer / Fabricant / Hersteller: **DONG FANG HONG**

Model / Type / Typ: **DONG FANG HONG – 15 (4 × 2)**

Engine/Moteur/Motor

Power: kW (HP) at RPM / Puissance: kW (CH) à tr/mn / Leistung: kW (PS) bei U/min: 11 (15) 2000

SAE [ ] BHP [ ] DIN [ ] PTO [ ] ? [X]

Max. torque: Nm at RPM / Couple maxi: Nm à tr/mn / Maximales Drehmoment: Nm bei U/min: ? /

No. of cylinders / Nbre de cylindres / Anzahl der Zylinder: 1

Capacity / Cylindrée / Hubraum: ? cm^3

Cooling system / Refroidissement / Kühlung: air / à air / Luft [ ] water / à eau / Wasser [X] ? [ ]

Fuel / Carburant / Kraftstoff: diesel / diesel / Diesel [X] gasoline / essence / Benzin [ ] ? [ ]

Start / Démarrage / Start: by hand / manuel / von Hand [ ] electrical / électrique / elektrisch [ ] ? [X]

Clutch/Embrayage/Kupplung

Disc(s) / Disque(s) / Scheibe(n) [2] belt / courroie / Riemen [ ] hydraulic / hydraulique / hydraulisch [ ] ? [ ]

Transmission/Ensemble mécanique/Getriebe

No. of gears forward/reverse / Nombre de vitesses AV/AR / Gänge vor-/rückwärts: 8 / 2

speed min.-max., forward/reverse / vitesse min.-max., AV/AR / Geschwindigkeit min.-max., vor-/rückwärts: 2 – 24 / 3 – 9 km/h

differential lock / blocage différentiel / Differentialsperre: yes / oui / ja [ ] no / non / nein [ ] ? [X]

Tire size/Pneumatiques/Bereifung

front / avant / vorn: 4 × 12 rear / arrière / hinten: 7,5 × 16

Implement attachment/Attelage/Geräteanbau

3-point-hitch / 3 points / Dreipunkt [X] category / catégorie / Kategorie: 1 / special frame / construct. spéciale / Sonderkonstruktion [ ]

by hand / manuel / von Hand [ ] hydraulic / hydraulique / hydraulisch [X] lifting capacity / force de levage / Hubkraft: 420 daN

Power take-off/Prise(s) de force/Zapfwelle

rear / arrière / hinten [1] middle / ventrale / mittig [ ] front / avant / vorn [ ]

551 RPM tr/mn U/min

Dimensions/Encombrement/Maße und Gewichte

Width / Largeur / Breite: 1170 mm ground clearance / garde au sol / Bodenfreiheit: 251 mm wheel base / empattement / Radstand: 1400 mm

turning circle / cercle de braquage / Wendekreis: 3940 B ∅ mm wheel track / voie / Spurweite: 960 - mm

weight / poids à vide / Leergewicht: 1070 kg payload (if platform) / charge utile du plateau / Nutzlast bei Plattform: kg

Safety frame/arceau de protection/Sicherheitsbügel

yes / oui / ja [ ] no / non / nein [X]

Options/Equipement optionnel/Zubehör

Weights / Masses / Ballastgewicht [ ] sun canopy / toit pare-soleil / Sonnendach [ ] cabin / cabine / Kabine [ ]

belt pulley / poulie / Riemenscheibe [ ] crank handle / manivelle / Handkurbel [ ]

Manufacturer offers/Gamme de production du fabricant/Hersteller bietet an

[ ] similar model(s) / version(s) similaire(s) / Typ(en) gleicher Bauart: - kW

[ ] different model(s) / version(s) différente(s) / Typ(en) anderer Bauart: - kW

Remarks/Remarques/Anmerkungen

[X] or [no.] = standard, ✱ = optional, ? = not known, 1 daN ≙ 1kg, W = dependent pto, B = with brakes
[X] ou [Nombre] = Standard, ✱ = Options, ? = non connu, 1 daN ≙ 1kg, W = P.d.F. proport. à l'avance., B = avec freins
[X] oder [Zahl] = Standard, ✱ = Sonderausstattung, ? = nicht bekannt, 1 daN ≙ 1kg, W = Wegzapfwelle, B = mit Bremse

Country / Pays / Land: **CHINA (P.R.)**

Manufacturer / Fabricant / Hersteller: **HANGZHOU**

Model / Type / Typ: **BY – 24 (4 × 2)**

M

Engine/Moteur/Motor

Power: kW (HP) at RPM / Puissance: kW (CH) à tr/mn / Leistung: kW (PS) bei U/min: 18 (24) 2000

SAE ☐ BHP ☐ DIN ☐ PTO ☐ ? ☒

Max. torque: Nm at RPM / Couple maxi: Nm à tr/mn / Maximales Drehmoment: Nm bei U/min: ? /

No. of cylinders / Nbre de cylindres / Anzahl der Zylinder: ?

Capacity / Cylindrée / Hubraum cm^3: ?

Cooling system / Refroidissement / Kühlung: air / à air / Luft ☐ water / à eau / Wasser ☒ ? ☐

Fuel / Carburant / Kraftstoff: diesel / diesel / Diesel ☒ gasoline / essence / Benzin ☐ ? ☐

Start / Démarrage / Start: by hand / manuel / von Hand ☐ electrical / électrique / elektrisch ☐ ? ☒

Clutch/Embrayage/Kupplung

Disc(s) / Disque(s) / Scheibe(n) ☐ belt / courroie / Riemen ☐ hydraulic / hydraulique / hydraulisch ☐ ? ☒

Transmission/Ensemble mécanique/Getriebe

No. of gears forward/reverse / Nombre de vitesses AV/AR / Gänge vor-/rückwärts: ? / ?

speed min.-max., forward/reverse / vitesse min.-max., AV/AR / Geschwindigkeit min.-max., vor-/rückwärts km/h: ? / ?

differential lock / blocage différentiel / Differentialsperre: yes / oui / ja ☐ no / non / nein ☐ ? ☒

Tire size/Pneumatiques/Bereifung

front / avant / vorn: ? rear / arrière / hinten: ?

Implement attachment/Attelage/Geräteanbau

3-point-hitch / 3 points / Dreipunkt ☐ category / catégorie / Kategorie: / special frame / construct. spéciale / Sonderkonstruktion ☐

by hand / manuel / von Hand ☐ hydraulic / hydraulique / hydraulisch ☐ lifting capacity / force de levage / Hubkraft daN:

Power take-off/Prise(s) de force/Zapfwelle

rear / arrière / hinten ☐ middle / ventrale / mittig ☐ front / avant / vorn ☐

RPM tr/mn U/min:

Dimensions/Encombrement/Maße und Gewichte

Width / Largeur mm / Breite: ? ground clearance / garde au sol mm / Bodenfreiheit: ? wheel base / empattement mm / Radstand: ?

turning circle / cercle de braquage ∅ mm / Wendekreis: ? wheel track / voie mm / Spurweite: ? -

weight / poids à vide kg / Leergewicht: 1150 payload (if platform) / charge utile du plateau kg / Nutzlast bei Plattform:

Safety frame/arceau de protection/Sicherheitsbügel

yes / oui / ja ☐ no / non / nein ☒

Options/Equipement optionnel/Zubehör

Weights / Masses / Ballastgewicht ☐ sun canopy / toit pare-soleil / Sonnendach ☐ cabin / cabine / Kabine ☐

belt pulley / poulie / Riemenscheibe ☐ crank handle / manivelle / Handkurbel ☐

Manufacturer offers/Gamme de production du fabricant/Hersteller bietet an

similar model(s) / version(s) similaire(s) / Typ(en) gleicher Bauart kW: -

different model(s) / version(s) différente(s) / Typ(en) anderer Bauart kW: -

Remarks/Remarques/Anmerkungen

....

☒ or [no.] = standard, ✻ = optional, ? = not known, 1 daN ≙ 1kg, W = dependent pto, B = with brakes
☒ ou [Nombre] = Standard, ✻ = Options, ? = non connu, 1 daN ≙ 1kg, W = P.d.F. proport. à l'avance., B = avec freins
☒ oder [Zahl] = Standard, ✻ = Sonderausstattung, ? = nicht bekannt, 1 daN ≙ 1kg, W = Wegzapfwelle, B = mit Bremse

Country / Pays / Land	CHINA (P.R.)
Manufacturer / Fabricant / Hersteller	HANGZHOU
Model / Type / Typ	NANFANG 12 (4 × 2)

Engine/Moteur/Motor

Power: kW (HP) at RPM / Puissance: kW (CH) à tr/mn / Leistung: kW (PS) bei U/min: 9 (12) 2000

SAE ☐ BHP ☐ DIN ☐ PTO ☐ ? [X]

Max. torque: Nm at RPM / Couple maxi: Nm à tr/mn / Maximales Drehmoment: Nm bei U/min: ? /

No. of cylinders / Nbre de cylindres / Anzahl der Zylinder: 1

Capacity / Cylindrée / Hubraum cm^3: ?

Cooling system / Refroidissement / Kühlung: air / à air / Luft ☐ water / à eau / Wasser [X] ? ☐

Fuel / Carburant / Kraftstoff: diesel / diesel / Diesel [X] gasoline / essence / Benzin ☐ ? ☐

Start / Démarrage / Start: by hand / manuel / von Hand ☐ electrical / électrique / elektrisch ☐ ? [X]

Clutch/Embrayage/Kupplung

Disc(s) / Disque(s) / Scheibe(n) ☐ belt / courroie / Riemen ☐ hydraulic / hydraulique / hydraulisch ☐ ? [X]

Transmission/Ensemble mécanique/Getriebe

No. of gears forward/reverse / Nombre de vitesses AV/AR / Gänge vor-/rückwärts: 6 / 3

speed min.-max., forward/reverse / vitesse min.-max., AV/AR / Geschwindigkeit min.-max., vor-/rückwärts (km/h): 3 – 18 / 2 – 3

differential lock / blocage différentiel / Differentialsperre: yes / oui / ja ☐ no / non / nein ☐ ? [X]

Tire size/Pneumatiques/Bereifung

front / avant / vorn: 4 × 12 rear / arrière / hinten: 7,5 × 16

Implement attachment/Attelage/Geräteanbau

3-point-hitch / 3 points / Dreipunkt ☐ category / catégorie / Kategorie: / special frame / construct. spéciale / Sonderkonstruktion ☐

by hand / manuel / von Hand ☐ hydraulic / hydraulique / hydraulisch ☐ lifting capacity / force de levage / Hubkraft (daN):

Power take-off/Prise(s) de force/Zapfwelle

rear / arrière / hinten ☐ middle / ventrale / mittig ☐ front / avant / vorn ☐

RPM tr/mn U/min:

Dimensions/Encombrement/Maße und Gewichte

Width / Largeur mm / Breite: ? ground clearance / garde au sol mm / Bodenfreiheit: 260 wheel base / empattement mm / Radstand: ?

turning circle / cercle de braquage ∅ mm / Wendekreis: ? wheel track / voie mm / Spurweite: 1060 -

weight / poids à vide kg / Leergewicht: 730 payload (if platform) / charge utile du plateau kg / Nutzlast bei Plattform:

Safety frame/arceau de protection/Sicherheitsbügel

yes / oui / ja ☐ no / non / nein [X]

Options/Equipement optionnel/Zubehör

Weights / Masses / Ballastgewicht ☐ sun canopy / toit pare-soleil / Sonnendach ☐ cabin / cabine / Kabine ☐

belt pulley / poulie / Riemenscheibe ☐ crank handle / manivelle / Handkurbel ☐

Manufacturer offers/Gamme de production du fabricant/Hersteller bietet an

1 similar model(s) / version(s) similaire(s) / Typ(en) gleicher Bauart: 9 - kW

different model(s) / version(s) différente(s) / Typ(en) anderer Bauart: - kW

Remarks/Remarques/Anmerkungen

shielded underneath "Boat tractor"

[X] or [no.] = standard, * = optional, ? = not known, 1 daN ≙ 1kg, W = dependent pto, B = with brakes
[X] ou [Nombre] = Standard, * = Options, ? = non connu, 1 daN ≙ 1kg, W = P.d.F. proport. à l'avance., B = avec freins
[X] oder [Zahl] = Standard, * = Sonderausstattung, ? = nicht bekannt, 1 daN ≙ 1kg, W = Wegzapfwelle, B = mit Bremse

Country / Pays / Land: **CHINA (P.R.)**

Manufacturer / Fabricant / Hersteller: **HUBEI TRACTOR PLANT**

Model / Type / Typ: **HUBEI SN-25 (4 × 2)**

Engine/Moteur/Motor

Power: kW (HP) at RPM / Puissance: kW (CH) à tr/mn / Leistung: kW (PS) bei U/min: 18 (24) 2000

SAE ☐ BHP ☐ DIN ☐ PTO ☐ ? ☒

Max. torque: Nm at RPM / Couple maxi: Nm à tr/mn / Maximales Drehmoment: Nm bei U/min: ? /

No. of cylinders / Nbre de cylindres / Anzahl der Zylinder: 2

Capacity / Cylindrée / Hubraum cm³: ?

Cooling system / Refroidissement / Kühlung: air / à air / Luft ☐ water / à eau / Wasser ☐ ? ☒

Fuel / Carburant / Kraftstoff: diesel / diesel / Diesel ☒ gasoline / essence / Benzin ☐ ? ☐

Start / Démarrage / Start: by hand / manuel / von Hand ☐ electrical / électrique / elektrisch ☒ ? ☐

Clutch/Embrayage/Kupplung

Disc(s) / Disque(s) / Scheibe(n) ☒ belt / courroie / Riemen ☐ hydraulic / hydraulique / hydraulisch ☐ ? ☐

Transmission/Ensemble mécanique/Getriebe

No. of gears forward/reverse / Nombre de vitesses AV/AR / Gänge vor-/rückwärts: ? /

speed min.-max., forward/reverse / vitesse min.-max., AV/AR / Geschwindigkeit min.-max., vor-/rückwärts km/h: 2-21 / ?

Tire size/Pneumatiques/Bereifung

front / avant / vorn: ? rear / arrière / hinten: ?

differential lock / blocage différentiel / Differentialsperre: yes / oui / ja ☒ no / non / nein ☐ ? ☐

Implement attachment/Attelage/Geräteanbau

3-point-hitch / 3 points / Dreipunkt ☒ category / catégorie / Kategorie: 1 / special frame / construct. spéciale / Sonderkonstruktion ☐

by hand / manuel / von Hand ☐ hydraulic / hydraulique / hydraulisch ☒ lifting capacity / force de levage / Hubkraft daN: 650

Power take-off/Prise(s) de force/Zapfwelle

rear / arrière / hinten: 1 middle / ventrale / mittig ☐ front / avant / vorn ☐

RPM / tr/mn / U/min: 536, 1015

Dimensions/Encombrement/Maße und Gewichte

Width / Largeur mm / Breite: 1355

ground clearance / garde au sol mm / Bodenfreiheit: 345

wheel base / empattement mm / Radstand: 1550

turning circle / cercle de braquage ∅ mm / Wendekreis: 5800 B

wheel track / voie mm / Spurweite: 1000 - 1400

weight / poids à vide kg / Leergewicht: 1120

payload (if platform) / charge utile du plateau kg / Nutzlast bei Plattform:

Safety frame/arceau de protection/Sicherheitsbügel

yes / oui / ja ☐ no / non / nein ☒

Options/Equipement optionnel/Zubehör

Weights / Masses / Ballastgewicht ☐ sun canopy / toit pare-soleil / Sonnendach ☐ cabin / cabine / Kabine ☐

belt pulley / poulie / Riemenscheibe ☐ crank handle / manivelle / Handkurbel ☐

Manufacturer offers/Gamme de production du fabricant/Hersteller bietet an

similar model(s) / version(s) similaire(s) / Typ(en) gleicher Bauart kW: -

different model(s) / version(s) différente(s) / Typ(en) anderer Bauart kW: -

Remarks/Remarques/Anmerkungen

other models with ground clearance of 500 or 780 mm

☒ or [no.] = standard, ✱ = optional, ? = not known, 1 daN ≙ 1kg, W = dependent pto, B = with brakes

☒ ou [Nombre] = Standard, ✱ = Options, ? = non connu, 1 daN ≙ 1kg, W = P.d.F. proport. à l'avance., B = avec freins

☒ oder [Zahl] = Standard, ✱ = Sonderausstattung, ? = nicht bekannt, 1 daN ≙ 1kg, W = Wegzapfwelle, B = mit Bremse

Country / Pays / Land: **CHINA**

Manufacturer / Fabricant / Hersteller: **JIANGXI TRACTOR PLANT**

Model / Type / Typ: **FENG-CHOU 180-3 (4 × 2)**, **FENG-CHOU 184 (4 × 4)***

Engine/Moteur/Motor

Power: kW (HP) at RPM / Puissance: kW (CH) à tr/mn / Leistung: kW (PS) bei U/min: 13 (18) 2000

SAE ☐ BHP ☐ DIN ☐ PTO ☐ ? ☒

Max. torque: Nm at RPM / Couple maxi: Nm à tr/mn / Maximales Drehmoment: Nm bei U/min: 67,4 / 1650

No. of cylinders / Nbre de cylindres / Anzahl der Zylinder: 2

Capacity / Cylindrée / Hubraum cm^3: ?

Cooling system / Refroidissement / Kühlung: air / à air / Luft ☐ water / à eau / Wasser ☒ ? ☐

Fuel / Carburant / Kraftstoff: diesel / diesel / Diesel ☒ gasoline / essence / Benzin ☐ ? ☐

Start / Démarrage / Start: by hand / manuel / von Hand ☐ electrical / électrique / elektrisch ☒ ? ☐

Clutch/Embrayage/Kupplung

Disc(s) / Disque(s) / Scheibe(n) ☒ belt / courroie / Riemen ☐ hydraulic / hydraulique / hydraulisch ☐ ? ☐

Transmission/Ensemble mécanique/Getriebe

No. of gears forward/reverse / Nombre de vitesses AV/AR / Gänge vor-/rückwärts: 8 / 2

speed min.-max., forward/reverse / vitesse min.-max., AV/AR / Geschwindigkeit min.-max., vor-/rückwärts km/h: 1-24 / 1-7

Tire size/Pneumatiques/Bereifung

front / avant / vorn: 4 × 14 rear / arrière / hinten: 8,3 / 8 × 20

differential lock / blocage différentiel / Differentialsperre: yes / oui / ja ☒ no / non / nein ☐ ? ☐

Implement attachment/Attelage/Geräteanbau

3-point-hitch / 3 points / Dreipunkt ☐ category / catégorie / Kategorie: / special frame / construct. spéciale / Sonderkonstruktion ☐

by hand / manuel / von Hand ☐ hydraulic / hydraulique / hydraulisch ☒ lifting capacity / force de levage / Hubkraft daN: 500

Power take-off/Prise(s) de force/Zapfwelle

rear / arrière / hinten: 1 middle / ventrale / mittig ☐ front / avant / vorn: 1

RPM / tr/mn / U/min: 730

Dimensions/Encombrement/Maße und Gewichte

Width / Largeur mm / Breite: 1155 ground clearance / garde au sol mm / Bodenfreiheit: 290 wheel base / empattement mm / Radstand: 1400

turning circle / cercle de braquage ∅ mm / Wendekreis: ? wheel track / voie mm / Spurweite: 950 - 1250

weight / poids à vide kg / Leergewicht: 880 payload (if platform) / charge utile du plateau kg / Nutzlast bei Plattform:

Safety frame/arceau de protection/Sicherheitsbügel

yes / oui / ja ☐ no / non / nein ☒

Options/Equipement optionnel/Zubehör

Weights / Masses / Ballastgewicht ☒ sun canopy / toit pare-soleil / Sonnendach ☐ cabin / cabine / Kabine ☒

belt pulley / poulie / Riemenscheibe ☒ crank handle / manivelle / Handkurbel ☒

Manufacturer offers/Gamme de production du fabricant/Hersteller bietet an

similar model(s) / version(s) similaire(s) / Typ(en) gleicher Bauart kW: -

different model(s) / version(s) différente(s) / Typ(en) anderer Bauart kW: -

Remarks/Remarques/Anmerkungen

☒ or [no.] = standard, ✻ = optional, ? = not known, 1 daN ≙ 1kg, W = dependent pto, B = with brakes
☒ ou [Nombre] = Standard, ✻ = Options, ? = non connu, 1 daN ≙ 1kg, W = P.d.F. proport. à l'avance., B = avec freins
☒ oder [Zahl] = Standard, ✻ = Sonderausstattung, ? = nicht bekannt, 1 daN ≙ 1kg, W = Wegzapfwelle, B = mit Bremse

Country / Pays / Land: **CZECHOSLOVAKIA**

Manufacturer / Fabricant / Hersteller: **ZETOR**

Model / Type / Typ: **5211 R (4 × 2)**

Engine/Moteur/Motor

Power: kW (HP) at RPM / Puissance: kW (CH) à tr/mn / Leistung: kW (PS) bei U/min: 25 (32) 2200

SAE ☐ BHP ☐ DIN ☐ PTO ☒ ? ☐

Max. torque: Nm at RPM / Couple maxi: Nm à tr/mn / Maximales Drehmoment: Nm bei U/min: 158 / 2200

No. of cylinders / Nbre de cylindres / Anzahl der Zylinder: 3

Capacity / Cylindrée / Hubraum (cm^3): 2696

Cooling system / Refroidissement / Kühlung: air / à air / Luft ☐ water / à eau / Wasser ☒ ? ☐

Fuel / Carburant / Kraftstoff: diesel / diesel / Diesel ☒ gasoline / essence / Benzin ☐ ? ☐

Start / Démarrage / Start: by hand / manuel / von Hand ☐ electrical / électrique / elektrisch ☒ ? ☐

Clutch/Embrayage/Kupplung

Disc(s) / Disque(s) / Scheibe(n): 2 belt / courroie / Riemen ☐ hydraulic / hydraulique / hydraulisch ☐ ? ☐

Transmission/Ensemble mécanique/Getriebe

No. of gears forward/reverse / Nombre de vitesses AV/AR / Gänge vor-/rückwärts: 10 / 2

speed min.-max., forward/reverse / vitesse min.-max., AV/AR / Geschwindigkeit min.-max., vor-/rückwärts (km/h): – 24 / ?

Tire size/Pneumatiques/Bereifung

front / avant / vorn: 6.5 × 16 rear / arrière / hinten: 12,4 / 11 × 28

differential lock / blocage différentiel / Differentialsperre: yes / oui / ja ☒ no / non / nein ☐ ? ☐

Implement attachment/Attelage/Geräteanbau

3-point-hitch / 3 points / Dreipunkt ☒ category / catégorie / Kategorie: 2 / special frame / construct. spéciale / Sonderkonstruktion ☐

by hand / manuel / von Hand ☐ hydraulic / hydraulique / hydraulisch ☒ lifting capacity / force de levage / Hubkraft (daN): 1735

Power take-off/Prise(s) de force/Zapfwelle

rear / arrière / hinten: 1 middle / ventrale / mittig ☐ front / avant / vorn ☐

RPM / tr/mn / U/min: 540, 1000 + W

Dimensions/Encombrement/Maße und Gewichte

Width / Largeur mm / Breite: 1850 ground clearance / garde au sol mm / Bodenfreiheit: 435 wheel base / empattement mm / Radstand: 2133

turning circle / cercle de braquage ∅ mm / Wendekreis: 6000 B wheel track / voie mm / Spurweite: 1350 - 1800

weight / poids à vide kg / Leergewicht: 2680 payload (if platform) / charge utile du plateau kg / Nutzlast bei Plattform:

Safety frame/arceau de protection/Sicherheitsbügel

yes / oui / ja ☒ no / non / nein ☐

Options/Equipement optionnel/Zubehör

Weights / Masses / Ballastgewicht ✱ sun canopy / toit pare-soleil / Sonnendach ☐ cabin / cabine / Kabine ☒

belt pulley / poulie / Riemenscheibe ☐ crank handle / manivelle / Handkurbel ☐

Manufacturer offers/Gamme de production du fabricant/Hersteller bietet an

similar model(s) / version(s) similaire(s) / Typ(en) gleicher Bauart (kW): -

different model(s) / version(s) différente(s) / Typ(en) anderer Bauart (kW): -

Remarks/Remarques/Anmerkungen

☒ or [no.] = standard, ✱ = optional, ? = not known, 1 daN ≙ 1kg, W = dependent pto, B = with brakes
☒ ou [Nombre] = Standard, ✱ = Options, ? = non connu, 1 daN ≙ 1kg, W = P.d.F. proport. à l'avance., B = avec freins
☒ oder [Zahl] = Standard, ✱ = Sonderausstattung, ? = nicht bekannt, 1 daN ≙ 1kg, W = Wegzapfwelle, B = mit Bremse

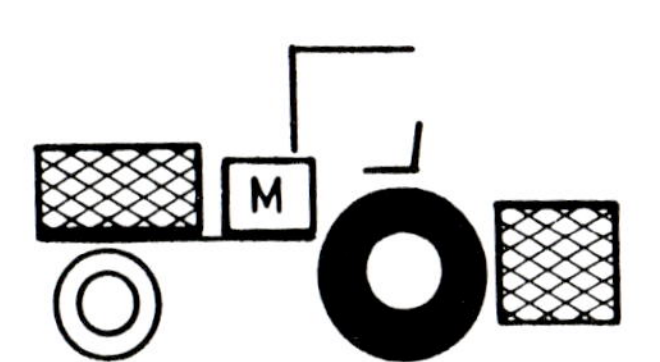

Country / Pays / Land: **FRANCE**

Manufacturer / Fabricant / Hersteller: **AGRITOM**

Model / Type / Typ: **PO 26 (4 × 2)**

Engine/Moteur/Motor

Power: kW (HP) at RPM / Puissance: kW (CH) à tr/mn / Leistung: kW (PS) bei U/min: 19 – 26 (26 – 35) ?

SAE ☐ BHP ☐ DIN ☐ PTO ☐ ? [X]

Max. torque: Nm at RPM / Couple maxi: Nm à tr/mn / Maximales Drehmoment: Nm bei U/min: ? /

No. of cylinders / Nbre de cylindres / Anzahl der Zylinder: 2

Capacity / Cylindrée / Hubraum cm³: ?

Cooling system / Refroidissement / Kühlung: air / à air / Luft [X] water / à eau / Wasser ☐ ? ☐

Fuel / Carburant / Kraftstoff: diesel / diesel / Diesel [X] gasoline / essence / Benzin ☐ ? ☐

Start / Démarrage / Start: by hand / manuel / von Hand [X] electrical / électrique / elektrisch [*] ? ☐

Clutch/Embrayage/Kupplung

Disc(s) / Disque(s) / Scheibe(n) [1] belt / courroie / Riemen ☐ hydraulic / hydraulique / hydraulisch ☐ ? ☐

Transmission/Ensemble mécanique/Getriebe

No. of gears forward/reverse / Nombre de vitesses AV/AR / Gänge vor-/rückwärts: 8 / 2

speed min.-max., forward/reverse / vitesse min.-max., AV/AR / Geschwindigkeit min.-max., vor-/rückwärts km/h: 1 – 18 / 1 – 4

differential lock / blocage différentiel / Differentialsperre: yes / oui / ja [X] no / non / nein ☐ ? ☐

Tire size/Pneumatiques/Bereifung

front / avant / vorn: 5 × 15 rear / arrière / hinten: 9,5 × 24

Implement attachment/Attelage/Geräteanbau

3-point-hitch / 3 points / Dreipunkt [X] category / catégorie / Kategorie: / special frame / construct. spéciale / Sonderkonstruktion ☐

by hand / manuel / von Hand ☐ hydraulic / hydraulique / hydraulisch [X] lifting capacity / force de levage / Hubkraft daN: ?

Power take-off/Prise(s) de force/Zapfwelle

rear / arrière / hinten [1] middle / ventrale / mittig [*] front / avant / vorn ☐

540 RPM tr/mn 1000 U/min

Dimensions/Encombrement/Maße und Gewichte

Width / Largeur mm / Breite: 1450 ground clearance / garde au sol mm / Bodenfreiheit: 380 wheel base / empattement mm / Radstand: ?

turning circle / cercle de braquage ∅ mm / Wendekreis: ? wheel track / voie mm / Spurweite: 1350 -

weight / poids à vide kg / Leergewicht: 1160 payload (if platform) / charge utile du plateau kg / Nutzlast bei Plattform: 600

Safety frame/arceau de protection/Sicherheitsbügel

yes / oui / ja ☐ no / non / nein [X]

Options/Equipement optionnel/Zubehör

Weights / Masses / Ballastgewicht ☐ sun canopy / toit pare-soleil / Sonnendach ☐ cabin / cabine / Kabine ☐

belt pulley / poulie / Riemenscheibe [X] crank handle / manivelle / Handkurbel ☐

Manufacturer offers/Gamme de production du fabricant/Hersteller bietet an

☐ similar model(s) / version(s) similaire(s) / Typ(en) gleicher Bauart kW: -

☐ different model(s) / version(s) différente(s) / Typ(en) anderer Bauart kW: -

Remarks/Remarques/Anmerkungen

wheel track adjustable

[X] or [no.] = standard, * = optional, ? = not known, 1 daN ≙ 1kg, W = dependent pto, B = with brakes
[X] ou [Nombre] = Standard, * = Options, ? = non connu, 1 daN ≙ 1kg, W = P.d.F. proport. à l'avance., B = avec freins
[X] oder [Zahl] = Standard, * = Sonderausstattung, ? = nicht bekannt, 1 daN ≙ 1kg, W = Wegzapfwelle, B = mit Bremse

Country / Pays / Land: **FRANCE**

Manufacturer / Fabricant / Hersteller: **COMPAGNIE FRANÇAISE POUR LE DÉVELOPPEMENT DES FIBRES TEXTILES (CFDT)**

Model / Type / Typ: **TE 80 (4 × 2)**

Engine/Moteur/Motor

Power: kW (HP) at RPM / Puissance: kW (CH) à tr/mn / Leistung: kW (PS) bei U/min: 23 (31) ?

SAE [ ] BHP [ ] DIN [X] PTO [ ] ? [ ]

Max. torque: Nm at RPM / Couple maxi: Nm à tr/mn / Maximales Drehmoment: Nm bei U/min: ? /

No. of cylinders / Nbre de cylindres / Anzahl der Zylinder: 2

Capacity / Cylindrée / Hubraum: ? cm^3

Cooling system / Refroidissement / Kühlung: air / à air / Luft [X] water / à eau / Wasser [ ] ? [ ]

Fuel / Carburant / Kraftstoff: diesel / diesel / Diesel [X] gasoline / essence / Benzin [ ] ? [ ]

Start / Démarrage / Start: by hand / manuel / von Hand [X] electrical / électrique / elektrisch [ ] ? [ ]

Clutch/Embrayage/Kupplung

Disc(s) / Disque(s) / Scheibe(n) [ ] belt / courroie / Riemen [ ] hydraulic / hydraulique / hydraulisch [ ] ? [X]

Tire size/Pneumatiques/Bereifung

front / avant / vorn: 5 × 15 rear / arrière / hinten: 9,5 × 24

Transmission/Ensemble mécanique/Getriebe

No. of gears forward/reverse / Nombre de vitesses AV/AR / Gänge vor-/rückwärts: 6 / 3

speed min.-max., forward/reverse / vitesse min.-max., AV/AR / Geschwindigkeit min.-max., vor-/rückwärts: 1 – 11 / 1 – 3 km/h

differential lock / blocage différentiel / Differentialsperre: yes / oui / ja [X] no / non / nein [ ] ? [ ]

Implement attachment/Attelage/Geräteanbau

3-point-hitch / 3 points / Dreipunkt [X] category / catégorie / Kategorie: / 1 special frame / construct. spéciale / Sonderkonstruktion [ ]

by hand / manuel / von Hand [ ] hydraulic / hydraulique / hydraulisch [X] lifting capacity / force de levage / Hubkraft: ? daN

Power take-off/Prise(s) de force/Zapfwelle

rear / arrière / hinten [*] middle / ventrale / mittig [ ] front / avant / vorn [ ]

540, 1000 RPM tr/mn U/min

Dimensions/Encombrement/Maße und Gewichte

Width / Largeur mm / Breite: 1790 ground clearance / garde au sol / Bodenfreiheit: 580 mm wheel base / empattement mm / Radstand: ?

turning circle / cercle de braquage / Wendekreis: ? ∅ mm wheel track / voie / Spurweite: 1430 - 1600 mm

weight / poids à vide / Leergewicht: 1120 kg payload (if platform) / charge utile du plateau / Nutzlast bei Plattform: 500 kg

Safety frame/arceau de protection/Sicherheitsbügel

yes / oui / ja [*] no / non / nein [ ]

Options/Equipement optionnel/Zubehör

Weights / Masses / Ballastgewicht [ ] sun canopy / toit pare-soleil / Sonnendach [ ] cabin / cabine / Kabine [ ]

belt pulley / poulie / Riemenscheibe [ ] crank handle / manivelle / Handkurbel [ ]

Manufacturer offers/Gamme de production du fabricant/Hersteller bietet an

[ ] similar model(s) / version(s) similaire(s) / Typ(en) gleicher Bauart: - kW

[ ] different model(s) / version(s) différente(s) / Typ(en) anderer Bauart: - kW

Remarks/Remarques/Anmerkungen

clutch: conus

narrow track version available

[X] or [no.] = standard, * = optional, ? = not known, 1 daN ≙ 1kg, W = dependent pto, B = with brakes
[X] ou [Nombre] = Standard, * = Options, ? = non connu, 1 daN ≙ 1kg, W = P.d.F. proport. à l'avance., B = avec freins
[X] oder [Zahl] = Standard, * = Sonderausstattung, ? = nicht bekannt, 1 daN ≙ 1kg, W = Wegzapfwelle, B = mit Bremse

Country / Pays / Land: **GERMANY (F.R.)**

Manufacturer / Fabricant / Hersteller: **AGRIA – WERKE**

Model / Type / Typ: **4800L (4 × 2)**

Engine/Moteur/Motor

Power: kW (HP) at RPM / Puissance: kW (CH) à tr/mn / Leistung: kW (PS) bei U/min: 17 (23) ?

SAE ☐ BHP ☐ DIN [X] PTO ☐ ? ☐

Max. torque: Nm at RPM / Couple maxi: Nm à tr/mn / Maximales Drehmoment: Nm bei U/min: /

No. of cylinders / Nbre de cylindres / Anzahl der Zylinder: 2

Capacity / Cylindrée / Hubraum: cm³

Cooling system / Refroidissement / Kühlung: air / à air / Luft [X] water / à eau / Wasser ☐ ? ☐

Fuel / Carburant / Kraftstoff: diesel / diesel / Diesel [X] gasoline / essence / Benzin ☐ ? ☐

Start / Démarrage / Start: by hand / manuel / von Hand ☐ electrical / électrique / elektrisch [X] ? ☐

Clutch/Embrayage/Kupplung

Disc(s) / Disque(s) / Scheibe(n) ☐ belt / courroie / Riemen ☐ hydraulic / hydraulique / hydraulisch ☐ ? [X]

Transmission/Ensemble mécanique/Getriebe

No. of gears forward/reverse / Nombre de vitesses AV/AR / Gänge vor-/rückwärts: 6 / 6

speed min.-max., forward/reverse / vitesse min.-max., AV/AR / Geschwindigkeit min.-max., vor-/rückwärts: 1 – 25 / km/h

Tire size/Pneumatiques/Bereifung

front / avant / vorn: 5,5 × 12 rear / arrière / hinten: 7.5 × 16

differential lock / blocage différentiel / Differentialsperre: yes / oui / ja [X] no / non / nein ☐ ? ☐

Implement attachment/Attelage/Geräteanbau

3-point-hitch / 3 points / Dreipunkt [X] category / catégorie / Kategorie: / special frame / construct. spéciale / Sonderkonstruktion ☐

by hand / manuel / von Hand ☐ hydraulic / hydraulique / hydraulisch [X] lifting capacity / force de levage / Hubkraft: 500 daN

Power take-off/Prise(s) de force/Zapfwelle

rear / arrière / hinten: 1 middle / ventrale / mittig ☐ front / avant / vorn ☐

825 RPM tr/mn U/min

Dimensions/Encombrement/Maße und Gewichte

Width / Largeur / Breite: 930 mm ground clearance / garde au sol / Bodenfreiheit: mm wheel base / empattement / Radstand: mm

turning circle / cercle de braquage / Wendekreis: ∅ mm wheel track / voie / Spurweite: - mm

weight / poids à vide / Leergewicht: 685 kg payload (if platform) / charge utile du plateau / Nutzlast bei Plattform: kg

Safety frame/arceau de protection/Sicherheitsbügel

yes / oui / ja ☐ no / non / nein [X]

Options/Equipement optionnel/Zubehör

Weights / Masses / Ballastgewicht ☐ sun canopy / toit pare-soleil / Sonnendach ☐ cabin / cabine / Kabine ☐

belt pulley / poulie / Riemenscheibe ☐ crank handle / manivelle / Handkurbel ☐

Manufacturer offers/Gamme de production du fabricant/Hersteller bietet an

similar model(s) / version(s) similaire(s) / Typ(en) gleicher Bauart: - kW

different model(s) / version(s) différente(s) / Typ(en) anderer Bauart: - kW

Remarks/Remarques/Anmerkungen

....

[X] or [no.] = standard, ✱ = optional, ? = not known, 1 daN ≙ 1kg, W = dependent pto, B = with brakes
[X] ou [Nombre] = Standard, ✱ = Options, ? = non connu, 1 daN ≙ 1kg, W = P.d.F. proport. à l'avance., B = avec freins
[X] oder [Zahl] = Standard, ✱ = Sonderausstattung, ? = nicht bekannt, 1 daN ≙ 1kg, W = Wegzapfwelle, B = mit Bremse

Country / Pays / Land: **GERMANY (F.R.)**

Manufacturer / Fabricant / Hersteller: **CASE I.H.**

Model / Type / Typ: **433** (4 × 2)

Engine/Moteur/Motor

Power: kW (HP) at RPM / Puissance: kW (CH) à tr/mn / Leistung: kW (PS) bei U/min: 26 (35) 2050

SAE [ ] BHP [ ] DIN [X] PTO [ ] ? [ ]

Max. torque: Nm at RPM / Couple maxi: Nm à tr/mn / Maximales Drehmoment: Nm bei U/min: 147 / 1350

No. of cylinders / Nbre de cylindres / Anzahl der Zylinder: 3

Capacity / Cylindrée / Hubraum cm³: 2536

Cooling system / Refroidissement / Kühlung: air / à air / Luft [ ] water / à eau / Wasser [X] ? [ ]

Fuel / Carburant / Kraftstoff: diesel / diesel / Diesel [X] gasoline / essence / Benzin [ ] ? [ ]

Start / Démarrage / Start: by hand / manuel / von Hand [ ] electrical / électrique / elektrisch [X] ? [ ]

Clutch/Embrayage/Kupplung

Disc(s) / Disque(s) / Scheibe(n) [2] belt / courroie / Riemen [ ] hydraulic / hydraulique / hydraulisch [ ] ? [ ]

Transmission/Ensemble mécanique/Getriebe

No. of gears forward/reverse / Nombre de vitesses AV/AR / Gänge vor-/rückwärts: 16 / 8

speed min.-max., forward/reverse / vitesse min.-max., AV/AR / Geschwindigkeit min.-max., vor-/rückwärts km/h: 1 – 30 / 2 – 9

Tire size/Pneumatiques/Bereifung

front / avant / vorn: 6 × 16 rear / arrière / hinten: 12,4 × 28

differential lock / blocage différentiel / Differentialsperre: yes / oui / ja [X] no / non / nein [ ] ? [ ]

Implement attachment/Attelage/Geräteanbau

3-point-hitch / 3 points / Dreipunkt [2] category / catégorie / Kategorie [2 / 2] special frame / construct. spéciale / Sonderkonstruktion [ ]

by hand / manuel / von Hand [ ] hydraulic / hydraulique / hydraulisch [X] lifting capacity / force de levage / Hubkraft daN: 2060, 1770

Power take-off/Prise(s) de force/Zapfwelle

rear / arrière / hinten [1] middle / ventrale / mittig [ ] front / avant / vorn [*]

RPM / tr/mn / U/min: 546,1005 — 1000

Dimensions/Encombrement/Maße und Gewichte

Width / Largeur mm / Breite: 1640 ground clearance / garde au sol mm / Bodenfreiheit: 433 wheel base / empattement mm / Radstand: 2070

turning circle / cercle de braquage ∅ mm / Wendekreis: 7700 wheel track / voie mm / Spurweite: 1376 - 1876

weight / poids à vide kg / Leergewicht: 2115 payload (if platform) / charge utile du plateau kg / Nutzlast bei Plattform: [ ]

Safety frame/arceau de protection/Sicherheitsbügel

yes / oui / ja [X] no / non / nein [ ]

Options/Equipement optionnel/Zubehör

Weights / Masses / Ballastgewicht [*] sun canopy / toit pare-soleil / Sonnendach [ ] cabin / cabine / Kabine [*]

belt pulley / poulie / Riemenscheibe [ ] crank handle / manivelle / Handkurbel [ ]

Manufacturer offers/Gamme de production du fabricant/Hersteller bietet an

[ ] similar model(s) / version(s) similaire(s) / Typ(en) gleicher Bauart kW: -

[ ] different model(s) / version(s) différente(s) / Typ(en) anderer Bauart kW: -

Remarks/Remarques/Anmerkungen

....

[X] or [no.] = standard, ✱ = optional, ? = not known, 1 daN ≙ 1kg, W = dependent pto, B = with brakes
[X] ou [Nombre] = Standard, ✱ = Options, ? = non connu, 1 daN ≙ 1kg, W = P.d.F. proport. à l'avance., B = avec freins
[X] oder [Zahl] = Standard, ✱ = Sonderausstattung, ? = nicht bekannt, 1 daN ≙ 1kg, W = Wegzapfwelle, B = mit Bremse

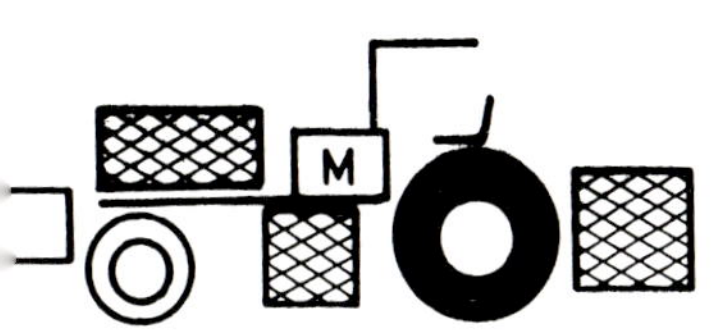

Country / Pays / Land: **GERMANY (F.R.)**

Manufacturer / Fabricant / Hersteller: **FENDT**

Model / Type / Typ: **F 231 GT (4 × 2)**

Engine/Moteur/Motor

Power: kW (HP) at RPM / Puissance: kW (CH) à tr/mn / Leistung: kW (PS) bei U/min: 26 (35) 2050

SAE ☐ BHP ☐ DIN ☒ PTO ☐ ? ☐

Max. torque: Nm at RPM / Couple maxi: Nm à tr/mn / Maximales Drehmoment: Nm bei U/min: 146 / 1500

No. of cylinders / Nbre de cylindres / Anzahl der Zylinder: 3

Capacity / Cylindrée / Hubraum: 2826 cm^3

Cooling system / Refroidissement / Kühlung: air / à air / Luft ☒ water / à eau / Wasser ☐ ? ☐

Fuel / Carburant / Kraftstoff: diesel / diesel / Diesel ☒ gasoline / essence / Benzin ☐ ? ☐

Start / Démarrage / Start: by hand / manuel / von Hand ☐ electrical / électrique / elektrisch ☒ ? ☐

Clutch/Embrayage/Kupplung

Disc(s) / Disque(s) / Scheibe(n): 2 belt / courroie / Riemen ☐ hydraulic / hydraulique / hydraulisch ☐ ? ☐

Transmission/Ensemble mécanique/Getriebe

No. of gears forward/reverse / Nombre de vitesses AV/AR / Gänge vor-/rückwärts: 16 / 8

speed min.-max., forward/reverse / vitesse min.-max., AV/AR / Geschwindigkeit min.-max., vor-/rückwärts: – 30 / ? km/h

Tire size/Pneumatiques/Bereifung

front / avant / vorn: 5,5 × 16 rear / arrière / hinten: 9,5 / 9 × 32

differential lock / blocage différentiel / Differentialsperre: yes / oui / ja ☒ no / non / nein ☐ ? ☐

Implement attachment/Attelage/Geräteanbau

3-point-hitch / 3 points / Dreipunkt: 2 category / catégorie / Kategorie: 1 / 2 special frame / construct. spéciale / Sonderkonstruktion ☐

by hand / manuel / von Hand ☐ hydraulic / hydraulique / hydraulisch ☒ lifting capacity / force de levage / Hubkraft: 1760 / 2250 daN

Power take-off/Prise(s) de force/Zapfwelle

rear / arrière / hinten: 1 middle / ventrale / mittig ☐ front / avant / vorn: *

628, 1052 + W RPM / tr/mn / U/min 228, 472 + W

Dimensions/Encombrement/Maße und Gewichte

Width / Largeur / Breite: 1530 mm ground clearance / garde au sol / Bodenfreiheit: 420 mm wheel base / empattement / Radstand: 2410 mm

turning circle / cercle de braquage / Wendekreis: 8000 ∅ mm wheel track / voie / Spurweite: 1250 - 1500 mm

weight / poids à vide / Leergewicht: 1950 kg payload (if platform) / charge utile du plateau / Nutzlast bei Plattform: 1450 kg

Safety frame/arceau de protection/Sicherheitsbügel

yes / oui / ja ☒ no / non / nein ☐

Options/Equipement optionnel/Zubehör

Weights / Masses / Ballastgewicht ☐ sun canopy / toit pare-soleil / Sonnendach ☐ cabin / cabine / Kabine ☒

belt pulley / poulie / Riemenscheibe ☐ crank handle / manivelle / Handkurbel ☐

Manufacturer offers/Gamme de production du fabricant/Hersteller bietet an

☐ similar model(s) / version(s) similaire(s) / Typ(en) gleicher Bauart: - kW

☐ different model(s) / version(s) différente(s) / Typ(en) anderer Bauart: - kW

Remarks/Remarques/Anmerkungen

☒ or [no.] = standard, * = optional, ? = not known, 1 daN ≙ 1kg, W = dependent pto, B = with brakes
☒ ou [Nombre] = Standard, * = Options, ? = non connu, 1 daN ≙ 1kg, W = P.d.F. proport. à l'avance., B = avec freins
☒ oder [Zahl] = Standard, * = Sonderausstattung, ? = nicht bekannt, 1 daN ≙ 1kg, W = Wegzapfwelle, B = mit Bremse

Country / Pays / Land	GERMANY (F.R.)
Manufacturer / Fabricant / Hersteller	EICHER
Model / Type / Typ	3035 (4 × 2)

M

Engine/Moteur/Motor

Power: kW (HP) at RPM / Puissance: kW (CH) à tr/mn / Leistung: kW (PS) bei U/min: 26 (35) 2100

SAE [ ] BHP [ ] DIN [X] PTO [ ] ? [ ]

Max. torque: Nm at RPM / Couple maxi: Nm à tr/mn / Maximales Drehmoment: Nm bei U/min: 132 / 1450

No. of cylinders / Nbre de cylindres / Anzahl der Zylinder: 2

Capacity / Cylindrée / Hubraum: 1963 cm³

Cooling system / Refroidissement / Kühlung: air / à air / Luft [X] water / à eau / Wasser [ ] ? [ ]

Fuel / Carburant / Kraftstoff: diesel / diesel / Diesel [X] gasoline / essence / Benzin [ ] ? [ ]

Start / Démarrage / Start: by hand / manuel / von Hand [ ] electrical / électrique / elektrisch [X] ? [ ]

Clutch/Embrayage/Kupplung

Disc(s) / Disque(s) / Scheibe(n) [2] belt / courroie / Riemen [ ] hydraulic / hydraulique / hydraulisch [ ] ? [ ]

Transmission/Ensemble mécanique/Getriebe

No. of gears forward/reverse / Nombre de vitesses AV/AR / Gänge vor-/rückwärts: 11 / 2

speed min.-max., forward/reverse / vitesse min.-max., AV/AR / Geschwindigkeit min.-max., vor-/rückwärts: 1 – 31 / 2 – 11 km/h

Tire size/Pneumatiques/Bereifung

front / avant / vorn: 7,5 × 15 rear / arrière / hinten: 12,4 × 28

differential lock / blocage différentiel / Differentialsperre: yes / oui / ja [X] no / non / nein [ ] ? [ ]

Implement attachment/Attelage/Geräteanbau

3-point-hitch / 3 points / Dreipunkt [X] category / catégorie / Kategorie: 1 / 2 special frame / construct. spéciale / Sonderkonstruktion [ ]

by hand / manuel / von Hand [ ] hydraulic / hydraulique / hydraulisch [X] lifting capacity / force de levage / Hubkraft: 2000 daN

Power take-off/Prise(s) de force/Zapfwelle

rear / arrière / hinten [1] middle / ventrale / mittig [ ] front / avant / vorn [ ]

540, 750 RPM / tr/mn / U/min

Dimensions/Encombrement/Maße und Gewichte

Width / Largeur / Breite: 1248 mm ground clearance / garde au sol / Bodenfreiheit: ? mm wheel base / empattement / Radstand: 1916 mm

turning circle / cercle de braquage / Wendekreis: 6600 ∅ mm wheel track / voie / Spurweite: 1250 - 1750 mm

weight / poids à vide / Leergewicht: 1965 kg payload (if platform) / charge utile du plateau / Nutzlast bei Plattform: kg

Safety frame/arceau de protection/Sicherheitsbügel

yes / oui / ja [X] no / non / nein [ ]

Options/Equipement optionnel/Zubehör

Weights / Masses / Ballastgewicht [ ] sun canopy / toit pare-soleil / Sonnendach [ ] cabin / cabine / Kabine [ ]

belt pulley / poulie / Riemenscheibe [ ] crank handle / manivelle / Handkurbel [ ]

Manufacturer offers/Gamme de production du fabricant/Hersteller bietet an

[ ] similar model(s) / version(s) similaire(s) / Typ(en) gleicher Bauart: - kW

[ ] different model(s) / version(s) différente(s) / Typ(en) anderer Bauart: - kW

Remarks/Remarques/Anmerkungen

[X] or [no.] = standard, * = optional, ? = not known, 1 daN ≙ 1kg, W = dependent pto, B = with brakes
[X] ou [Nombre] = Standard, * = Options, ? = non connu, 1 daN ≙ 1kg, W = P.d.F. proport. à l'avance., B = avec freins
[X] oder [Zahl] = Standard, * = Sonderausstattung, ? = nicht bekannt, 1 daN ≙ 1kg, W = Wegzapfwelle, B = mit Bremse

Country / Pays / Land	GERMANY, F.R.
Manufacturer / Fabricant / Hersteller	HOLDER
Model / Type / Typ	C 20 (4 × 4)

Engine/Moteur/Motor

Power: kW (HP) at RPM / Puissance: kW (CH) à tr/mn / Leistung: kW (PS) bei U/min: 13 (18)

SAE [ ] BHP [ ] DIN [X] PTO [ ] ? [ ]

Max. torque: Nm at RPM / Couple maxi: Nm à tr/mn / Maximales Drehmoment: Nm bei U/min: /

No. of cylinders / Nbre de cylindres / Anzahl der Zylinder: 3

Capacity / Cylindrée / Hubraum: cm³

Cooling system / Refroidissement / Kühlung: air / à air / Luft [ ] water / à eau / Wasser [X] ? [ ]

Fuel / Carburant / Kraftstoff: diesel / diesel / Diesel [X] gasoline / essence / Benzin [ ] ? [ ]

Start / Démarrage / Start: by hand / manuel / von Hand [ ] electrical / électrique / elektrisch [X] ? [ ]

Clutch/Embrayage/Kupplung

Disc(s) / Disque(s) / Scheibe(n) [X] belt / courroie / Riemen [ ] hydraulic / hydraulique / hydraulisch [ ] ? [ ]

Transmission/Ensemble mécanique/Getriebe

No. of gears forward/reverse / Nombre de vitesses AV/AR / Gänge vor-/rückwärts: 6 / 3

speed min.-max., forward/reverse / vitesse min.-max., AV/AR / Geschwindigkeit min.-max., vor-/rückwärts: / km/h

differential lock / blocage différentiel / Differentialsperre: yes / oui / ja [X] no / non / nein [ ] ? [ ]

Tire size/Pneumatiques/Bereifung

front / avant / vorn: rear / arrière / hinten:

Implement attachment/Attelage/Geräteanbau

3-point-hitch / 3 points / Dreipunkt [X] category / catégorie / Kategorie: 1 N / special frame / construct. spéciale / Sonderkonstruktion [ ]

by hand / manuel / von Hand [ ] hydraulic / hydraulique / hydraulisch [X] lifting capacity / force de levage / Hubkraft: daN

Power take-off/Prise(s) de force/Zapfwelle

rear / arrière / hinten [X] middle / ventrale / mittig [ ] front / avant / vorn [X]

RPM / tr/mn / U/min: 540 (rear); 1000 (front)

Dimensions/Encombrement/Maße und Gewichte

Width / Largeur / Breite: 81 mm; ground clearance / garde au sol / Bodenfreiheit: mm; wheel base / empattement / Radstand: mm

turning circle / cercle de braquage / Wendekreis: ∅ mm; wheel track / voie / Spurweite: - mm

weight / poids à vide / Leergewicht: 1055 kg; payload (if platform) / charge utile du plateau / Nutzlast bei Plattform: kg

Safety frame/arceau de protection/Sicherheitsbügel

yes / oui / ja [X] no / non / nein [ ]

Options/Equipement optionnel/Zubehör

Weights / Masses / Ballastgewicht [ ] sun canopy / toit pare-soleil / Sonnendach [ ] cabin / cabine / Kabine [ ]

belt pulley / poulie / Riemenscheibe [ ] crank handle / manivelle / Handkurbel [ ]

Manufacturer offers/Gamme de production du fabricant/Hersteller bietet an

1 similar model(s) / version(s) similaire(s) / Typ(en) gleicher Bauart: 36 - kW

1 different model(s) / version(s) différente(s) / Typ(en) anderer Bauart: 36 - kW

Remarks/Remarques/Anmerkungen

[X] or [no.] = standard, * = optional, ? = not known, 1 daN ≙ 1kg, W = dependent pto, B = with brakes
[X] ou [Nombre] = Standard, * = Options, ? = non connu, 1 daN ≙ 1kg, W = P.d.F. proport. à l'avance., B = avec freins
[X] oder [Zahl] = Standard, * = Sonderausstattung, ? = nicht bekannt, 1 daN ≙ 1kg, W = Wegzapfwelle, B = mit Bremse

Country / Pays / Land: **GERMANY (F.R.)**

Manufacturer / Fabricant / Hersteller: **JOHN DEERE**

Model / Type / Typ: **950 (4 × 2) (4 × 4)***

Engine/Moteur/Motor

Power: kW (HP) at RPM / Puissance: kW (CH) à tr/mn / Leistung: kW (PS) bei U/min: 20 (27) ?

SAE ☐ BHP ☐ DIN ☐ PTO ☒ ? ☐

Max. torque: Nm at RPM / Couple maxi: Nm à tr/mn / Maximales Drehmoment: Nm bei U/min: ? /

No. of cylinders / Nbre de cylindres / Anzahl der Zylinder: 3

Capacity / Cylindrée / Hubraum: 1717 cm^3

Cooling system / Refroidissement / Kühlung: air / à air / Luft ☐ water / à eau / Wasser ☒ ? ☐

Fuel / Carburant / Kraftstoff: diesel / diesel / Diesel ☒ gasoline / essence / Benzin ☐ ? ☐

Start / Démarrage / Start: by hand / manuel / von Hand ☐ electrical / électrique / elektrisch ☒ ? ☐

Clutch/Embrayage/Kupplung

Disc(s) / Disque(s) / Scheibe(n): 2 belt / courroie / Riemen ☐ hydraulic / hydraulique / hydraulisch ☐ ? ☐

Transmission/Ensemble mécanique/Getriebe

No. of gears forward/reverse / Nombre de vitesses AV/AR / Gänge vor-/rückwärts: 8 / 2

speed min.-max., forward/reverse / vitesse min.-max., AV/AR / Geschwindigkeit min.-max., vor-/rückwärts: 1 – 20 / 2 – 9 km/h

differential lock / blocage différentiel / Differentialsperre: yes / oui / ja ☒ no / non / nein ☐ ? ☐

Tire size/Pneumatiques/Bereifung

front / avant / vorn: 7 × 16 rear / arrière / hinten: 12.4 × 28

Implement attachment/Attelage/Geräteanbau

3-point-hitch / 3 points / Dreipunkt ☒ category / catégorie / Kategorie: 1 / special frame / construct. spéciale / Sonderkonstruktion ☐

by hand / manuel / von Hand ☐ hydraulic / hydraulique / hydraulisch ☒ lifting capacity / force de levage / Hubkraft: ? daN

Power take-off/Prise(s) de force/Zapfwelle

rear / arrière / hinten: 1 middle / ventrale / mittig ☐ front / avant / vorn ☐

540 RPM tr/mn U/min

Dimensions/Encombrement/Maße und Gewichte

Width / Largeur / Breite: 1480 mm ground clearance / garde au sol / Bodenfreiheit: 389 mm wheel base / empattement / Radstand: 1750 mm

turning circle / cercle de braquage / Wendekreis: 5600 B ∅ mm wheel track / voie / Spurweite: 1070 - 1470 mm

weight / poids à vide / Leergewicht: 1270 kg payload (if platform) / charge utile du plateau / Nutzlast bei Plattform: kg

Safety frame/arceau de protection/Sicherheitsbügel

yes / oui / ja ☒ no / non / nein ☐

Options/Equipement optionnel/Zubehör

Weights / Masses / Ballastgewicht ☒ sun canopy / toit pare-soleil / Sonnendach ☐ cabin / cabine / Kabine *

belt pulley / poulie / Riemenscheibe ☐ crank handle / manivelle / Handkurbel ☐

Manufacturer offers/Gamme de production du fabricant/Hersteller bietet an

similar model(s) / version(s) similaire(s) / Typ(en) gleicher Bauart: - kW

different model(s) / version(s) différente(s) / Typ(en) anderer Bauart: - kW

Remarks/Remarques/Anmerkungen

made by Yanmar, Japan

☒ or [no.] = standard, * = optional, ? = not known, 1 daN ≘ 1kg, W = dependent pto, B = with brakes
☒ ou [Nombre] = Standard, * = Options, ? = non connu, 1 daN ≘ 1kg, W = P.d.F. proport. à l'avance., B = avec freins
☒ oder [Zahl] = Standard, * = Sonderausstattung, ? = nicht bekannt, 1 daN ≘ 1kg, W = Wegzapfwelle, B = mit Bremse

Country / Pays / Land: **GERMANY (F.R.)**

Manufacturer / Fabricant / Hersteller: **KLÖCKNER HUMBOLDT DEUTZ**

Model / Type / Typ: **D 2807 (4 × 2)**

Engine/Moteur/Motor

Power: kW (HP) at RPM / Puissance: kW (CH) à tr/mn / Leistung: kW (PS) bei U/min: 21 (29) 2300

SAE [ ] BHP [ ] DIN [X] PTO [ ] ? [ ]

Max. torque: Nm at RPM / Couple maxi: Nm à tr/mn / Maximales Drehmoment: Nm bei U/min: 103 / 1700

No. of cylinders / Nbre de cylindres / Anzahl der Zylinder: 2

Capacity / Cylindrée / Hubraum cm³: 1885

Cooling system / Refroidissement / Kühlung: air / à air / Luft [X] water / à eau / Wasser [ ] ? [ ]

Fuel / Carburant / Kraftstoff: diesel / diesel / Diesel [X] gasoline / essence / Benzin [ ] ? [ ]

Start / Démarrage / Start: by hand / manuel / von Hand [ ] electrical / électrique / elektrisch [X] ? [ ]

Clutch/Embrayage/Kupplung

Disc(s) / Disque(s) / Scheibe(n) [1] belt / courroie / Riemen [ ] hydraulic / hydraulique / hydraulisch [ ] ? [ ]

Transmission/Ensemble mécanique/Getriebe

No. of gears forward/reverse / Nombre de vitesses AV/AR / Gänge vor-/rückwärts: 8 / 2

speed min.-max., forward/reverse / vitesse min.-max., AV/AR / Geschwindigkeit min.-max., vor-/rückwärts km/h: 2 – 25 / 2 – 11

differential lock / blocage différentiel / Differentialsperre: yes / oui / ja [X] no / non / nein [ ] ? [ ]

Tire size/Pneumatiques/Bereifung

front / avant / vorn: 6 × 16 rear / arrière / hinten: 11,2 × 28

Implement attachment/Attelage/Geräteanbau

3-point-hitch / 3 points / Dreipunkt [X] category / catégorie / Kategorie: 1 / special frame / construct. spéciale / Sonderkonstruktion [ ]

by hand / manuel / von Hand [ ] hydraulic / hydraulique / hydraulisch [X] lifting capacity / force de levage / Hubkraft daN: 1865

Power take-off/Prise(s) de force/Zapfwelle

rear / arrière / hinten [1] middle / ventrale / mittig [ ] front / avant / vorn [ ]

RPM / tr/mn / U/min: 540

Dimensions/Encombrement/Maße und Gewichte

Width / Largeur mm / Breite: 1600 ground clearance / garde au sol mm / Bodenfreiheit: 440 wheel base / empattement mm / Radstand: 1865

turning circle / cercle de braquage ∅ mm / Wendekreis: 7200 wheel track / voie mm / Spurweite: 1250 - 1750

weight / poids à vide kg / Leergewicht: 1840 payload (if platform) / charge utile du plateau kg / Nutzlast bei Plattform:

Safety frame/arceau de protection/Sicherheitsbügel

yes / oui / ja [X] no / non / nein [ ]

Options/Equipement optionnel/Zubehör

Weights / Masses / Ballastgewicht [*] sun canopy / toit pare-soleil / Sonnendach [*] cabin / cabine / Kabine [ ]

belt pulley / poulie / Riemenscheibe [ ] crank handle / manivelle / Handkurbel [ ]

Manufacturer offers/Gamme de production du fabricant/Hersteller bietet an

1 similar model(s) / version(s) similaire(s) / Typ(en) gleicher Bauart kW: 25 -

different model(s) / version(s) différente(s) / Typ(en) anderer Bauart kW: -

Remarks/Remarques/Anmerkungen

....

[X] or [no.] = standard, ✱ = optional, ? = not known, 1 daN ≙ 1kg, W = dependent pto, B = with brakes
[X] ou [Nombre] = Standard, ✱ = Options, ? = non connu, 1 daN ≙ 1kg, W = P.d.F. proport. à l'avance., B = avec freins
[X] oder [Zahl] = Standard, ✱ = Sonderausstattung, ? = nicht bekannt, 1 daN ≙ 1kg, W = Wegzapfwelle, B = mit Bremse

Country / Pays / Land	INDIA
Manufacturer / Fabricant / Hersteller	EICHER GOODEARTH LTD
Model / Type / Typ	CHANDI (4 × 2)

Engine/Moteur/Motor

Power: kW (HP) at RPM / Puissance: kW (CH) à tr/mn / Leistung: kW (PS) bei U/min: 10 (13) ?

SAE [ ] BHP [ ] DIN [ ] PTO [X] ? [ ]

Max. torque: Nm at RPM / Couple maxi: Nm à tr/mn / Maximales Drehmoment: Nm bei U/min: ? /

No. of cylinders / Nbre de cylindres / Anzahl der Zylinder: 1

Capacity / Cylindrée / Hubraum cm³: 981

Cooling system / Refroidissement / Kühlung: air / à air / Luft [X] water / à eau / Wasser [ ] ? [ ]

Fuel / Carburant / Kraftstoff: diesel / diesel / Diesel [X] gasoline / essence / Benzin [ ] ? [ ]

Start / Démarrage / Start: by hand / manuel / von Hand [ ] electrical / électrique / elektrisch [ ] ? [X]

Clutch/Embrayage/Kupplung

Disc(s) / Disque(s) / Scheibe(n) [1] belt / courroie / Riemen [ ] hydraulic / hydraulique / hydraulisch [ ] ? [ ]

Transmission/Ensemble mécanique/Getriebe

No. of gears forward/reverse / Nombre de vitesses AV/AR / Gänge vor-/rückwärts: 6 / 1

speed min.-max., forward/reverse / vitesse min.-max., AV/AR / Geschwindigkeit min.-max., vor-/rückwärts km/h: 2 – 26 / 7

Tire size/Pneumatiques/Bereifung

front / avant / vorn: 5,5 × 16 rear / arrière / hinten: 11,2 × 28

differential lock / blocage différentiel / Differentialsperre: yes / oui / ja [X] no / non / nein [ ] ? [ ]

Implement attachment/Attelage/Geräteanbau

3-point-hitch / 3 points / Dreipunkt [X] category / catégorie / Kategorie: 1 / special frame / construct. spéciale / Sonderkonstruktion [ ]

by hand / manuel / von Hand [ ] hydraulic / hydraulique / hydraulisch [ ] lifting capacity / force de levage / Hubkraft daN: ?

Power take-off/Prise(s) de force/Zapfwelle

rear / arrière / hinten [1] middle / ventrale / mittig [ ] front / avant / vorn [ ]

540 RPM tr/mn U/min

Dimensions/Encombrement/Maße und Gewichte

Width / Largeur mm / Breite: 1604 ground clearance / garde au sol / Bodenfreiheit mm: 398 wheel base / empattement mm / Radstand: ?

turning circle / cercle de braquage ∅ mm / Wendekreis: 7000 wheel track / voie / Spurweite mm: 1183 - 1596

weight / poids à vide / Leergewicht kg: 1445 payload (if platform) / charge utile du plateau / Nutzlast bei Plattform kg:

Safety frame/arceau de protection/Sicherheitsbügel

yes / oui / ja [ ] no / non / nein [X]

Options/Equipement optionnel/Zubehör

Weights / Masses / Ballastgewicht [ ] sun canopy / toit pare-soleil / Sonnendach [ ] cabin / cabine / Kabine [ ]

belt pulley / poulie / Riemenscheibe [X] crank handle / manivelle / Handkurbel [ ]

Manufacturer offers/Gamme de production du fabricant/Hersteller bietet an

[ ] similar model(s) / version(s) similaire(s) / Typ(en) gleicher Bauart kW: -

[ ] different model(s) / version(s) différente(s) / Typ(en) anderer Bauart kW: -

Remarks/Remarques/Anmerkungen

[X] or [no.] = standard, * = optional, ? = not known, 1 daN ≙ 1kg, W = dependent pto, B = with brakes
[X] ou [Nombre] = Standard, * = Options, ? = non connu, 1 daN ≙ 1kg, W = P.d.F. proport. à l'avance., B = avec freins
[X] oder [Zahl] = Standard, * = Sonderausstattung, ? = nicht bekannt, 1 daN ≙ 1kg, W = Wegzapfwelle, B = mit Bremse

Country / Pays / Land	INDIA
Manufacturer / Fabricant / Hersteller	EICHER GOODEARTH LTD
Model / Type / Typ	241 H (4 × 2)

Engine/Moteur/Motor

Power: kW (HP) at RPM / Puissance: kW (CH) à tr/mn / Leistung: kW (PS) bei U/min: 16 (22) 1650

SAE ☐ BHP ☐ DIN ☐ PTO [X] ? ☐

Max. torque: Nm at RPM / Couple maxi: Nm à tr/mn / Maximales Drehmoment: Nm bei U/min: 103 / 1300

No. of cylinders / Nbre de cylindres / Anzahl der Zylinder: 1

Capacity / Cylindrée / Hubraum: 1557 cm³

Cooling system: / Refroidissement: / Kühlung: air / à air / Luft [X] water / à eau / Wasser ☐ ? ☐

Fuel: / Carburant: / Kraftstoff: diesel / diesel / Diesel [X] gasoline / essence / Benzin ☐ ? ☐

Start: / Démarrage: / Start: by hand / manuel / von Hand [X] electrical / électrique / elektrisch [*] ? ☐

Clutch/Embrayage/Kupplung

Disc(s) / Disque(s) / Scheibe(n) [1] belt / courroie / Riemen ☐ hydraulic / hydraulique / hydraulisch ☐ ? ☐

Transmission/Ensemble mécanique/Getriebe

No. of gears forward/reverse / Nombre de vitesses AV/AR / Gänge vor-/rückwärts: 6 / 1

speed min.-max., forward/reverse / vitesse min.-max., AV/AR / Geschwindigkeit min.-max., vor-/rückwärts: 2 – 24 / 7 km/h

Tire size/Pneumatiques/Bereifung

front / avant / vorn: 8,5 × 16 rear / arrière / hinten: 12,4 × 28

differential lock: / blocage différentiel: / Differentialsperre: yes / oui / ja [X] no / non / nein ☐ ? ☐

Implement attachment/Attelage/Geräteanbau

3-point-hitch / 3 points / Dreipunkt [X] category / catégorie / Kategorie [/] special frame / construct. spéciale / Sonderkonstruktion ☐

by hand / manuel / von Hand ☐ hydraulic / hydraulique / hydraulisch [X] lifting capacity / force de levage / Hubkraft: ? daN

Power take-off/Prise(s) de force/Zapfwelle

rear / arrière / hinten [1] middle / ventrale / mittig ☐ front / avant / vorn ☐

495 RPM tr/mn U/min

Dimensions/Encombrement/Maße und Gewichte

Width / Largeur mm / Breite: 1604 ground clearance / garde au sol mm / Bodenfreiheit: 450 wheel base / empattement mm / Radstand: 1768

turning circle / cercle de braquage ∅ mm / Wendekreis: 7200 wheel track / voie mm / Spurweite: 1183 - 1574

weight / poids à vide kg / Leergewicht: 1480 payload (if platform) / charge utile du plateau kg / Nutzlast bei Plattform:

Safety frame/arceau de protection/Sicherheitsbügel

yes / oui / ja ☐ no / non / nein [X]

Options/Equipement optionnel/Zubehör

Weights / Masses / Ballastgewicht [*] sun canopy / toit pare-soleil / Sonnendach [*] cabin / cabine / Kabine ☐

belt pulley / poulie / Riemenscheibe [*] crank handle / manivelle / Handkurbel ☐

Manufacturer offers/Gamme de production du fabricant/Hersteller bietet an

[2] similar model(s) / version(s) similaire(s) / Typ(en) gleicher Bauart: 16 - kW

[ ] different model(s) / version(s) différente(s) / Typ(en) anderer Bauart: - kW

Remarks/Remarques/Anmerkungen

....

[X] or [no.] = standard, * = optional, ? = not known, 1 daN ≘ 1kg, W = dependent pto, B = with brakes
[X] ou [Nombre] = Standard, * = Options, ? = non connu, 1 daN ≘ 1kg, W = P.d.F. proport. à l'avance., B = avec freins
[X] oder [Zahl] = Standard, * = Sonderausstattung, ? = nicht bekannt, 1 daN ≘ 1kg, W = Wegzapfwelle, B = mit Bremse

Country / Pays / Land: **INDIA**

Manufacturer / Fabricant / Hersteller: **EICHER GOODEARTH LTD**

Model / Type / Typ: **352 GOLD (4 × 2)**

M

Engine/Moteur/Motor

Power: kW (HP) at RPM / Puissance: kW (CH) à tr/mn / Leistung: kW (PS) bei U/min: 26 (35) 2150

SAE ☐ BHP [X] DIN ☐ PTO ☐ ? ☐

Max. torque: Nm at RPM / Couple maxi: Nm à tr/mn / Maximales Drehmoment: Nm bei U/min: 119 / 1600

No. of cylinders / Nbre de cylindres / Anzahl der Zylinder: 2

Capacity / Cylindrée / Hubraum cm^3: 1962

Cooling system / Refroidissement / Kühlung: air / à air / Luft [X] water / à eau / Wasser ☐ ? ☐

Fuel / Carburant / Kraftstoff: diesel / diesel / Diesel [X] gasoline / essence / Benzin ☐ ? ☐

Start / Démarrage / Start: by hand / manuel / von Hand ☐ electrical / électrique / elektrisch [X] ? ☐

Clutch/Embrayage/Kupplung

Disc(s) / Disque(s) / Scheibe(n) [1] belt / courroie / Riemen ☐ hydraulic / hydraulique / hydraulisch ☐ ? ☐

Transmission/Ensemble mécanique/Getriebe

No. of gears forward/reverse / Nombre de vitesses AV/AR / Gänge vor-/rückwärts: 8 / 2

speed min.-max., forward/reverse / vitesse min.-max., AV/AR / Geschwindigkeit min.-max., vor-/rückwärts km/h: 4 – 25 / 4 – 10

Tire size/Pneumatiques/Bereifung

front / avant / vorn: 6 × 16 rear / arrière / hinten: 12,4 × 28

differential lock / blocage différentiel / Differentialsperre: yes / oui / ja [X] no / non / nein ☐ ? ☐

Implement attachment/Attelage/Geräteanbau

3-point-hitch / 3 points / Dreipunkt [X] category / catégorie / Kategorie [/] special frame / construct. spéciale / Sonderkonstruktion ☐

by hand / manuel / von Hand ☐ hydraulic / hydraulique / hydraulisch [X] lifting capacity / force de levage / Hubkraft daN: ?

Power take-off/Prise(s) de force/Zapfwelle

rear / arrière / hinten [1] middle / ventrale / mittig ☐ front / avant / vorn ☐

RPM / tr/mn / U/min: 1331

Dimensions/Encombrement/Maße und Gewichte

Width / Largeur mm / Breite: 1674 ground clearance / garde au sol mm / Bodenfreiheit: 393 wheel base / empattement mm / Radstand: 1946

turning circle / cercle de braquage ∅ mm / Wendekreis: 7700 wheel track / voie mm / Spurweite: 1204 - 1596

weight / poids à vide kg / Leergewicht: 1805 payload (if platform) / charge utile du plateau kg / Nutzlast bei Plattform:

Safety frame/arceau de protection/Sicherheitsbügel

yes / oui / ja ☐ no / non / nein [X]

Options/Equipement optionnel/Zubehör

Weights / Masses / Ballastgewicht [*] sun canopy / toit pare-soleil / Sonnendach [*] cabin / cabine / Kabine ☐

belt pulley / poulie / Riemenscheibe [*] crank handle / manivelle / Handkurbel [X]

Manufacturer offers/Gamme de production du fabricant/Hersteller bietet an

similar model(s) / version(s) similaire(s) / Typ(en) gleicher Bauart kW: -

different model(s) / version(s) différente(s) / Typ(en) anderer Bauart kW: -

Remarks/Remarques/Anmerkungen

[X] or [no.] = standard, ✱ = optional, ? = not known, 1 daN ≙ 1kg, W = dependent pto, B = with brakes
[X] ou [Nombre] = Standard, ✱ = Options, ? = non connu, 1 daN ≙ 1kg, W = P.d.F. proport. à l'avance., B = avec freins
[X] oder [Zahl] = Standard, ✱ = Sonderausstattung, ? = nicht bekannt, 1 daN ≙ 1kg, W = Wegzapfwelle, B = mit Bremse

Country / Pays / Land	INDIA
Manufacturer / Fabricant / Hersteller	ESCORTS
Model / Type / Typ	325 (4 × 2)

Engine/Moteur/Motor

Power: kW (HP) at RPM / Puissance: kW (CH) à tr/mn / Leistung: kW (PS) bei U/min: 20 (27) 2200

SAE [ ] BHP [ ] DIN [ ] PTO [ ] ? [X]

Max. torque: Nm at RPM / Couple maxi: Nm à tr/mn / Maximales Drehmoment: Nm bei U/min: 90 / 1600

No. of cylinders / Nbre de cylindres / Anzahl der Zylinder: 2

Capacity / Cylindrée / Hubraum: 1795 cm^3

Cooling system / Refroidissement / Kühlung: air / à air / Luft [ ] water / à eau / Wasser [X] ? [ ]

Fuel / Carburant / Kraftstoff: diesel / diesel / Diesel [X] gasoline / essence / Benzin [ ] ? [ ]

Start / Démarrage / Start: by hand / manuel / von Hand [ ] electrical / électrique / elektrisch [X] ? [ ]

Clutch/Embrayage/Kupplung

Disc(s) / Disque(s) / Scheibe(n) [1] belt / courroie / Riemen [ ] hydraulic / hydraulique / hydraulisch [ ] ? [ ]

Transmission/Ensemble mécanique/Getriebe

No. of gears forward/reverse / Nombre de vitesses AV/AR / Gänge vor-/rückwärts: 6 / 2

speed min.-max., forward/reverse / vitesse min.-max., AV/AR / Geschwindigkeit min.-max., vor-/rückwärts: 2 – 23 / 2 – 10 km/h

Tire size/Pneumatiques/Bereifung

front / avant / vorn: 5,5 / 6 × 16

rear / arrière / hinten: 12,4 / 11 × 28

differential lock / blocage différentiel / Differentialsperre: yes / oui / ja [X] no / non / nein [ ] ? [ ]

Implement attachment/Attelage/Geräteanbau

3-point-hitch / 3 points / Dreipunkt [X] category / catégorie / Kategorie [2 /] special frame / construct. spéciale / Sonderkonstruktion [ ]

by hand / manuel / von Hand [ ] hydraulic / hydraulique / hydraulisch [X] lifting capacity / force de levage / Hubkraft: 1000 daN

Power take-off/Prise(s) de force/Zapfwelle

rear / arrière / hinten [1] middle / ventrale / mittig [ ] front / avant / vorn [ ]

1000 RPM / tr/mn / U/min

Dimensions/Encombrement/Maße und Gewichte

Width / Largeur mm / Breite: 1620

ground clearance / garde au sol / Bodenfreiheit: 360 mm

wheel base / empattement mm / Radstand: ?

turning circle / cercle de braquage / Wendekreis: 6200 B ∅ mm

wheel track / voie / Spurweite: 1250 - mm

weight / poids à vide / Leergewicht: 1680 kg

payload (if platform) / charge utile du plateau / Nutzlast bei Plattform: kg

Safety frame/arceau de protection/Sicherheitsbügel

yes / oui / ja [ ] no / non / nein [X]

Options/Equipement optionnel/Zubehör

Weights / Masses / Ballastgewicht [*] sun canopy / toit pare-soleil / Sonnendach [*] cabin / cabine / Kabine [ ]

belt pulley / poulie / Riemenscheibe [*] crank handle / manivelle / Handkurbel [ ]

Manufacturer offers/Gamme de production du fabricant/Hersteller bietet an

[2] similar model(s) / version(s) similaire(s) / Typ(en) gleicher Bauart: 26 - kW

[ ] different model(s) / version(s) différente(s) / Typ(en) anderer Bauart: - kW

Remarks/Remarques/Anmerkungen

wheel track adjustable

[X] or [no.] = standard, * = optional, ? = not known, 1 daN ≙ 1kg, W = dependent pto, B = with brakes
[X] ou [Nombre] = Standard, * = Options, ? = non connu, 1 daN ≙ 1kg, W = P.d.F. proport. à l'avance., B = avec freins
[X] oder [Zahl] = Standard, * = Sonderausstattung, ? = nicht bekannt, 1 daN ≙ 1kg, W = Wegzapfwelle, B = mit Bremse

Country / Pays / Land	**INDIA**
Manufacturer / Fabricant / Hersteller	**ESCORTS LTD**
Model / Type / Typ	**335 (4 × 2)**

Engine/Moteur/Motor

Power: kW (HP) at RPM / Puissance: kW (CH) à tr/mn / Leistung: kW (PS) bei U/min: 21 (28) 2200

SAE [ ] BHP [ ] DIN [ ] PTO [X] ? [ ]

Max. torque: Nm at RPM / Couple maxi: Nm à tr/mn / Maximales Drehmoment: Nm bei U/min: 102 / 1600

No. of cylinders / Nbre de cylindres / Anzahl der Zylinder: 2

Capacity / Cylindrée / Hubraum cm³: 1960

Cooling system / Refroidissement / Kühlung: air / à air / Luft [ ] water / à eau / Wasser [X] ? [ ]

Fuel / Carburant / Kraftstoff: diesel / diesel / Diesel [X] gasoline / essence / Benzin [ ] ? [ ]

Start / Démarrage / Start: by hand / manuel / von Hand [ ] electrical / électrique / elektrisch [X] ? [ ]

Clutch/Embrayage/Kupplung

Disc(s) / Disque(s) / Scheibe(n) [1] belt / courroie / Riemen [ ] hydraulic / hydraulique / hydraulisch [ ] ? [ ]

Transmission/Ensemble mécanique/Getriebe

No. of gears forward/reverse / Nombre de vitesses AV/AR / Gänge vor-/rückwärts: 6 / 2

speed min.-max., forward/reverse / vitesse min.-max., AV/AR / Geschwindigkeit min.-max., vor-/rückwärts km/h: 2 – 23 / 3 – 10

differential lock / blocage différentiel / Differentialsperre: yes / oui / ja [X] no / non / nein [ ] ? [ ]

Tire size/Pneumatiques/Bereifung

front / avant / vorn: 5,5 / 6 × 16

rear / arrière / hinten: 12,4 / 11 × 28

Implement attachment/Attelage/Geräteanbau

3-point-hitch / 3 points / Dreipunkt [X] category / catégorie / Kategorie [2 /] special frame / construct. spéciale / Sonderkonstruktion [ ]

by hand / manuel / von Hand [ ] hydraulic / hydraulique / hydraulisch [X] lifting capacity / force de levage / Hubkraft daN: 1000

Power take-off/Prise(s) de force/Zapfwelle

rear / arrière / hinten [1] middle / ventrale / mittig [ ] front / avant / vorn [ ]

1000 RPM tr/mn U/min

Dimensions/Encombrement/Maße und Gewichte

Width / Largeur mm / Breite: 1620

ground clearance / garde au sol mm / Bodenfreiheit: 360

wheel base / empattement mm / Radstand: ?

turning circle / cercle de braquage ∅ mm / Wendekreis: 5900B

wheel track / voie mm / Spurweite: 1250 -

weight / poids à vide kg / Leergewicht: 1565

payload (if platform) / charge utile du plateau kg / Nutzlast bei Plattform:

Safety frame/arceau de protection/Sicherheitsbügel

yes / oui / ja [ ] no / non / nein [X]

Options/Equipement optionnel/Zubehör

Weights / Masses / Ballastgewicht [*] sun canopy / toit pare-soleil / Sonnendach [*] cabin / cabine / Kabine [ ]

belt pulley / poulie / Riemenscheibe [*] crank handle / manivelle / Handkurbel [ ]

Manufacturer offers/Gamme de production du fabricant/Hersteller bietet an

[ ] similar model(s) / version(s) similaire(s) / Typ(en) gleicher Bauart kW: -

[ ] different model(s) / version(s) différente(s) / Typ(en) anderer Bauart kW: -

Remarks/Remarques/Anmerkungen

wheel track adjustable

[X] or [no.] = standard, * = optional, ? = not known, 1 daN ≙ 1kg, W = dependent pto, B = with brakes
[X] ou [Nombre] = Standard, * = Options, ? = non connu, 1 daN ≙ 1kg, W = P.d.F. proport. à l'avance., B = avec freins
[X] oder [Zahl] = Standard, * = Sonderausstattung, ? = nicht bekannt, 1 daN ≙ 1kg, W = Wegzapfwelle, B = mit Bremse

Country / Pays / Land: **INDIA**

Manufacturer / Fabricant / Hersteller: **MAHINDRA & MAHINDRA LTD**

Model / Type / Typ: **B – 275 (4 × 2)**

Engine/Moteur/Motor

Power: kW (HP) at RPM / Puissance: kW (CH) à tr/mn / Leistung: kW (PS) bei U/min: 26 (35) 1900

SAE ☐ BHP ☐ DIN ☐ PTO ☐ ? ☒

Max. torque: Nm at RPM / Couple maxi: Nm à tr/mn / Maximales Drehmoment: Nm bei U/min: 150 / 1450

No. of cylinders / Nbre de cylindres / Anzahl der Zylinder: 4

Capacity / Cylindrée / Hubraum cm^3: 2360

Cooling system / Refroidissement / Kühlung: air / à air / Luft ☐ water / à eau / Wasser ☒ ? ☐

Fuel / Carburant / Kraftstoff: diesel / diesel / Diesel ☒ gasoline / essence / Benzin ☐ ? ☐

Start / Démarrage / Start: by hand / manuel / von Hand ☐ electrical / électrique / elektrisch ☒ ? ☐

Clutch/Embrayage/Kupplung

Disc(s) / Disque(s) / Scheibe(n): 1 belt / courroie / Riemen ☐ hydraulic / hydraulique / hydraulisch ☐ ? ☐

Transmission/Ensemble mécanique/Getriebe

No. of gears forward/reverse / Nombre de vitesses AV/AR / Gänge vor-/rückwärts: 8 / 2

speed min.-max., forward/reverse / vitesse min.-max., AV/AR / Geschwindigkeit min.-max., vor-/rückwärts km/h: ? / ?

Tire size/Pneumatiques/Bereifung

front / avant / vorn: 5,5 × 16 rear / arrière / hinten: 11,2 / 10 × 28

differential lock / blocage différentiel / Differentialsperre: yes / oui / ja ☒ no / non / nein ☐ ? ☐

Implement attachment/Attelage/Geräteanbau

3-point-hitch / 3 points / Dreipunkt ☒ category / catégorie / Kategorie: 1 / 2 special frame / construct. spéciale / Sonderkonstruktion ☐

by hand / manuel / von Hand ☐ hydraulic / hydraulique / hydraulisch ☒ lifting capacity / force de levage / Hubkraft daN: ?

Power take-off/Prise(s) de force/Zapfwelle

rear / arrière / hinten: 1 middle / ventrale / mittig ☐ front / avant / vorn ☐

563 RPM tr/mn U/min

Dimensions/Encombrement/Maße und Gewichte

Width / Largeur mm / Breite: ? ground clearance / garde au sol mm / Bodenfreiheit: ? wheel base / empattement mm / Radstand: ?

turning circle / cercle de braquage ∅ mm / Wendekreis: ? wheel track / voie mm / Spurweite: ? -

weight / poids à vide kg / Leergewicht: 1630 payload (if platform) / charge utile du plateau kg / Nutzlast bei Plattform:

Safety frame/arceau de protection/Sicherheitsbügel

yes / oui / ja ☐ no / non / nein ☒

Options/Equipement optionnel/Zubehör

Weights / Masses / Ballastgewicht ☐ sun canopy / toit pare-soleil / Sonnendach ☐ cabin / cabine / Kabine ☐

belt pulley / poulie / Riemenscheibe ☐ crank handle / manivelle / Handkurbel ☐

Manufacturer offers/Gamme de production du fabricant/Hersteller bietet an

1 similar model(s) / version(s) similaire(s) / Typ(en) gleicher Bauart kW: 18 -

different model(s) / version(s) différente(s) / Typ(en) anderer Bauart kW: -

Remarks/Remarques/Anmerkungen

☒ or [no.] = standard, ✻ = optional, ? = not known, 1 daN ≘ 1kg, W = dependent pto, B = with brakes
☒ ou [Nombre] = Standard, ✻ = Options, ? = non connu, 1 daN ≘ 1kg, W = P.d.F. proport. à l'avance., B = avec freins
☒ oder [Zahl] = Standard, ✻ = Sonderausstattung, ? = nicht bekannt, 1 daN ≘ 1kg, W = Wegzapfwelle, B = mit Bremse

Country / Pays / Land	INDIA
Manufacturer / Fabricant / Hersteller	PUNJAB TRACTORS LTD
Model / Type / Typ	SWARAJ 724 (4 × 2)

Engine/Moteur/Motor

Power: kW (HP) at RPM / Puissance: kW (CH) à tr/mn / Leistung: kW (PS) bei U/min: 18 (25) 2000

SAE [ ] BHP [ ] DIN [ ] PTO [ ] ? [X]

Max. torque: Nm at RPM / Couple maxi: Nm à tr/mn / Maximales Drehmoment: Nm bei U/min: ? /

No. of cylinders / Nbre de cylindres / Anzahl der Zylinder: 2

Capacity / Cylindrée / Hubraum cm³: ?

Cooling system / Refroidissement / Kühlung: air / à air / Luft [ ] water / à eau / Wasser [X] ? [ ]

Fuel / Carburant / Kraftstoff: diesel / diesel / Diesel [X] gasoline / essence / Benzin [ ] ? [ ]

Start / Démarrage / Start: by hand / manuel / von Hand [ ] electrical / électrique / elektrisch [X] ? [ ]

Clutch/Embrayage/Kupplung

Disc(s) / Disque(s) / Scheibe(n) [1] belt / courroie / Riemen [ ] hydraulic / hydraulique / hydraulisch [X] ? [ ]

Transmission/Ensemble mécanique/Getriebe

No. of gears forward/reverse / Nombre de vitesses AV/AR / Gänge vor-/rückwärts: 6 / 2

speed min.-max., forward/reverse / vitesse min.-max., AV/AR / Geschwindigkeit min.-max., vor-/rückwärts km/h: 2 – 24 / 3 – 10

Tire size/Pneumatiques/Bereifung

front / avant / vorn: 5,5 × 16 rear / arrière / hinten: 12,4 × 28

differential lock / blocage différentiel / Differentialsperre: yes / oui / ja [X] no / non / nein [ ] ? [ ]

Implement attachment/Attelage/Geräteanbau

3-point-hitch / 3 points / Dreipunkt [X] category / catégorie / Kategorie: 1 / 2 special frame / construct. spéciale / Sonderkonstruktion [ ]

by hand / manuel / von Hand [ ] hydraulic / hydraulique / hydraulisch [X] lifting capacity / force de levage / Hubkraft daN: 800

Power take-off/Prise(s) de force/Zapfwelle

rear / arrière / hinten [1] middle / ventrale / mittig [ ] front / avant / vorn [ ]

1000 RPM tr/mn U/min

Dimensions/Encombrement/Maße und Gewichte

Width / Largeur / Breite mm: ? ground clearance / garde au sol / Bodenfreiheit mm: ? wheel base / empattement / Radstand mm: ?

turning circle / cercle de braquage / Wendekreis ∅ mm: ? wheel track / voie / Spurweite mm: 1320 - 1436

weight / poids à vide / Leergewicht kg: 1800 payload (if platform) / charge utile du plateau / Nutzlast bei Plattform kg:

Safety frame/arceau de protection/Sicherheitsbügel

yes / oui / ja [ ] no / non / nein [X]

Options/Equipement optionnel/Zubehör

Weights / Masses / Ballastgewicht [ ] sun canopy / toit pare-soleil / Sonnendach [ ] cabin / cabine / Kabine [ ]

belt pulley / poulie / Riemenscheibe [ ] crank handle / manivelle / Handkurbel [ ]

Manufacturer offers/Gamme de production du fabricant/Hersteller bietet an

1 similar model(s) / version(s) similaire(s) / Typ(en) gleicher Bauart kW: 14 -

different model(s) / version(s) différente(s) / Typ(en) anderer Bauart kW: -

Remarks/Remarques/Anmerkungen

[X] or [no.] = standard, * = optional, ? = not known, 1 daN ≙ 1kg, W = dependent pto, B = with brakes
[X] ou [Nombre] = Standard, * = Options, ? = non connu, 1 daN ≙ 1kg, W = P.d.F. proport. à l'avance., B = avec freins
[X] oder [Zahl] = Standard, * = Sonderausstattung, ? = nicht bekannt, 1 daN ≙ 1kg, W = Wegzapfwelle, B = mit Bremse

Country / Pays / Land	INDIA
Manufacturer / Fabricant / Hersteller	TAFE
Model / Type / Typ	MF 1035 (4 × 2)

Engine/Moteur/Motor

Power: kW (HP) at RPM / Puissance: kW (CH) à tr/mn / Leistung: kW (PS) bei U/min: 24 (32) 2000

SAE ☐ BHP ☒ DIN ☐ PTO ☐ ? ☐

Max. torque: Nm at RPM / Couple maxi: Nm à tr/mn / Maximales Drehmoment: Nm bei U/min: ? /

No. of cylinders / Nbre de cylindres / Anzahl der Zylinder: 3

Capacity / Cylindrée / Hubraum: 2360 cm³

Cooling system / Refroidissement / Kühlung: air / à air / Luft ☐ water / à eau / Wasser ☒ ? ☐

Fuel / Carburant / Kraftstoff: diesel / diesel / Diesel ☒ gasoline / essence / Benzin ☐ ? ☐

Start / Démarrage / Start: by hand / manuel / von Hand ☐ electrical / électrique / elektrisch ☒ ? ☐

Clutch/Embrayage/Kupplung

Disc(s) / Disque(s) / Scheibe(n) ☒ belt / courroie / Riemen ☐ hydraulic / hydraulique / hydraulisch ☐ ? ☐

Transmission/Ensemble mécanique/Getriebe

No. of gears forward/reverse / Nombre de vitesses AV/AR / Gänge vor-/rückwärts: 6 / 2

speed min.-max., forward/reverse / vitesse min.-max., AV/AR / Geschwindigkeit min.-max., vor-/rückwärts: 2 – 23 / 3 – 11 km/h

Tire size/Pneumatiques/Bereifung

front / avant / vorn: 6 × 16 rear / arrière / hinten: 11.2 / 10 × 28

differential lock / blocage différentiel / Differentialsperre: yes / oui / ja ☒ no / non / nein ☐ ? ☐

Implement attachment/Attelage/Geräteanbau

3-point-hitch / 3 points / Dreipunkt ☒ category / catégorie / Kategorie: / special frame / construct. spéciale / Sonderkonstruktion ☐

by hand / manuel / von Hand ☐ hydraulic / hydraulique / hydraulisch ☒ lifting capacity / force de levage / Hubkraft: ? daN

Power take-off/Prise(s) de force/Zapfwelle

rear / arrière / hinten: 1 middle / ventrale / mittig ☐ front / avant / vorn ☐

540 RPM tr/mn U/min

Dimensions/Encombrement/Maße und Gewichte

Width / Largeur / Breite: ? mm ground clearance / garde au sol / Bodenfreiheit: 321 mm wheel base / empattement / Radstand: 1830 mm

turning circle / cercle de braquage / Wendekreis: 5334 B ∅ mm wheel track / voie / Spurweite: 1320 - 1930 mm

weight / poids à vide / Leergewicht: 1469 kg payload (if platform) / charge utile du plateau / Nutzlast bei Plattform: kg

Safety frame/arceau de protection/Sicherheitsbügel

yes / oui / ja ☐ no / non / nein ☒

Options/Equipement optionnel/Zubehör

Weights / Masses / Ballastgewicht ☐ sun canopy / toit pare-soleil / Sonnendach ☐ cabin / cabine / Kabine ☐

belt pulley / poulie / Riemenscheibe ☐ crank handle / manivelle / Handkurbel ☐

Manufacturer offers/Gamme de production du fabricant/Hersteller bietet an

☐ similar model(s) / version(s) similaire(s) / Typ(en) gleicher Bauart: - kW

☐ different model(s) / version(s) différente(s) / Typ(en) anderer Bauart: - kW

Remarks/Remarques/Anmerkungen

☒ or no. = standard, * = optional, ? = not known, 1 daN ≙ 1kg, W = dependent pto, B = with brakes
☒ ou Nombre = Standard, * = Options, ? = non connu, 1 daN ≙ 1kg, W = P.d.F. proport. à l'avance., B = avec freins
☒ oder Zahl = Standard, * = Sonderausstattung, ? = nicht bekannt, 1 daN ≙ 1kg, W = Wegzapfwelle, B = mit Bremse

Country / Pays / Land	**ITALY**
Manufacturer / Fabricant / Hersteller	**ANTONIO CARRARO**
Model / Type / Typ	**TIGRE RS (4 × 4)**

M

Engine/Moteur/Motor

Power: kW (HP) at RPM / Puissance: kW (CH) à tr/mn / Leistung: kW (PS) bei U/min: 18 (24) 3000

SAE ☐ BHP ☐ DIN ☒ PTO ☐ ? ☐

Max. torque: Nm at RPM / Couple maxi: Nm à tr/mn / Maximales Drehmoment: Nm bei U/min: ? /

No. of cylinders / Nbre de cylindres / Anzahl der Zylinder: 2

Capacity / Cylindrée / Hubraum cm³: ?

Cooling system / Refroidissement / Kühlung: air / à air / Luft ☒ water / à eau / Wasser ☐ ? ☐

Fuel / Carburant / Kraftstoff: diesel / diesel / Diesel ☒ gasoline / essence / Benzin ☐ ? ☐

Start / Démarrage / Start: by hand / manuel / von Hand ☐ electrical / électrique / elektrisch ☒ ? ☐

Clutch/Embrayage/Kupplung

Disc(s) / Disque(s) / Scheibe(n): 1 belt / courroie / Riemen ☐ hydraulic / hydraulique / hydraulisch ☐ ? ☐

Transmission/Ensemble mécanique/Getriebe

No. of gears forward/reverse / Nombre de vitesses AV/AR / Gänge vor-/rückwärts: 6 / 3

speed min.-max., forward/reverse / vitesse min.-max., AV/AR / Geschwindigkeit min.-max., vor-/rückwärts km/h: 1 – 26 / 2 – 7

Tire size/Pneumatiques/Bereifung

front / avant / vorn: 7,5 × 16 rear / arrière / hinten: 7.5 × 16

differential lock / blocage différentiel / Differentialsperre: yes / oui / ja ☒ no / non / nein ☐ ? ☐

Implement attachment/Attelage/Geräteanbau

3-point-hitch / 3 points / Dreipunkt ☒ category / catégorie / Kategorie: / special frame / construct. spéciale / Sonderkonstruktion ☐

by hand / manuel / von Hand ☐ hydraulic / hydraulique / hydraulisch ☒ lifting capacity / force de levage / Hubkraft daN: ?

Power take-off/Prise(s) de force/Zapfwelle

rear / arrière / hinten: 1 middle / ventrale / mittig ☐ front / avant / vorn ☐

540 + W RPM tr/mn U/min

Dimensions/Encombrement/Maße und Gewichte

Width / Largeur / Breite mm: 1070 ground clearance / garde au sol / Bodenfreiheit mm: ? wheel base / empattement / Radstand mm: 1050

turning circle / cercle de braquage / Wendekreis ∅ mm: 5800 B wheel track / voie / Spurweite mm: 860 - 1090

weight / poids à vide / Leergewicht kg: 700 payload (if platform) / charge utile du plateau / Nutzlast bei Plattform kg:

Safety frame/arceau de protection/Sicherheitsbügel

yes / oui / ja ✱ no / non / nein ☐

Options/Equipement optionnel/Zubehör

Weights / Masses / Ballastgewicht ☐ sun canopy / toit pare-soleil / Sonnendach ☐ cabin / cabine / Kabine ☐

belt pulley / poulie / Riemenscheibe ☐ crank handle / manivelle / Handkurbel ☐

Manufacturer offers/Gamme de production du fabricant/Hersteller bietet an

1 similar model(s) / version(s) similaire(s) / Typ(en) gleicher Bauart kW: 12 -

different model(s) / version(s) différente(s) / Typ(en) anderer Bauart kW: -

Remarks/Remarques/Anmerkungen

☒ or [no.] = standard, ✱ = optional, ? = not known, 1 daN ≙ 1kg, W = dependent pto, B = with brakes
☒ ou [Nombre] = Standard, ✱ = Options, ? = non connu, 1 daN ≙ 1kg, W = P.d.F. proport. à l'avance., B = avec freins
☒ oder [Zahl] = Standard, ✱ = Sonderausstattung, ? = nicht bekannt, 1 daN ≙ 1kg, W = Wegzapfwelle, B = mit Bremse

Country / Pays / Land	**ITALY**
Manufacturer / Fabricant / Hersteller	**FERRARI**
Model / Type / Typ	**1100 (4 × 4)**

Engine/Moteur/Motor

Power: kW (HP) at RPM
Puissance: kW (CH) à tr/mn
Leistung: kW (PS) bei U/min — 14 (19) ?

SAE [ ] BHP [ ] DIN [ ] PTO [ ] ? [X]

Max. torque: Nm at RPM
Couple maxi: Nm à tr/mn
Maximales Drehmoment: Nm bei U/min — ? /

No. of cylinders / Nbre de cylindres / Anzahl der Zylinder — 2
Capacity / Cylindrée / Hubraum cm³ — 1250

Cooling system / Refroidissement / Kühlung: air / à air / Luft [ ] water / à eau / Wasser [ ] ? [X]

Fuel / Carburant / Kraftstoff: diesel / diesel / Diesel [X] gasoline / essence / Benzin [ ] ? [ ]

Start / Démarrage / Start: by hand / manuel / von Hand [ ] electrical / électrique / elektrisch [X] ? [ ]

Clutch/Embrayage/Kupplung

Disc(s) / Disque(s) / Scheibe(n) [1] belt / courroie / Riemen [ ] hydraulic / hydraulique / hydraulisch [ ] ? [ ]

Transmission/Ensemble mécanique/Getriebe

No. of gears forward/reverse / Nombre de vitesses AV/AR / Gänge vor-/rückwärts — 6 / 3

speed min.-max., forward/reverse / vitesse min.-max., AV/AR / Geschwindigkeit min.-max., vor-/rückwärts km/h — 1 – 11 / 1 – 5

differential lock / blocage différentiel / Differentialsperre: yes / oui / ja [X] no / non / nein [ ] ? [ ]

Tire size/Pneumatiques/Bereifung

front / avant / vorn — 6 × 12 rear / arrière / hinten — 8,25 × 16

Implement attachment/Attelage/Geräteanbau

3-point-hitch / 3 points / Dreipunkt [X] category / catégorie / Kategorie — / special frame / construct. spéciale / Sonderkonstruktion [ ]

by hand / manuel / von Hand [ ] hydraulic / hydraulique / hydraulisch [X] lifting capacity / force de levage / Hubkraft daN — ?

Power take-off/Prise(s) de force/Zapfwelle

rear / arrière / hinten [2] middle / ventrale / mittig [ ] front / avant / vorn [2]

RPM / tr/mn / U/min: rear 540, 1000 + W; front 2000

Dimensions/Encombrement/Maße und Gewichte

Width / Largeur / Breite mm — 1186; ground clearance / garde au sol / Bodenfreiheit mm — 240; wheel base / empattement / Radstand mm — 1384

turning circle / cercle de braquage / Wendekreis ∅ mm — ?; wheel track / voie / Spurweite mm — ? -

weight / poids à vide / Leergewicht kg — 700; payload (if platform) / charge utile du plateau / Nutzlast bei Plattform kg —

Safety frame/arceau de protection/Sicherheitsbügel

yes / oui / ja [X] no / non / nein [ ]

Options/Equipement optionnel/Zubehör

Weights / Masses / Ballastgewicht [*] sun canopy / toit pare-soleil / Sonnendach [ ] cabin / cabine / Kabine [ ]

belt pulley / poulie / Riemenscheibe [ ] crank handle / manivelle / Handkurbel [ ]

Manufacturer offers/Gamme de production du fabricant/Hersteller bietet an

2 similar model(s) / version(s) similaire(s) / Typ(en) gleicher Bauart kW — 13 - ?

different model(s) / version(s) différente(s) / Typ(en) anderer Bauart kW — -

Remarks/Remarques/Anmerkungen ....

[X] or [no.] = standard, * = optional, ? = not known, 1 daN ≘ 1kg, W = dependent pto, B = with brakes
[X] ou [Nombre] = Standard, * = Options, ? = non connu, 1 daN ≘ 1kg, W = P.d.F. proport. à l'avance., B = avec freins
[X] oder [Zahl] = Standard, * = Sonderausstattung, ? = nicht bekannt, 1 daN ≘ 1kg, W = Wegzapfwelle, B = mit Bremse

Country / Pays / Land	ITALY
Manufacturer / Fabricant / Hersteller	GOLDONI S.P.A.
Model / Type / Typ	933 RS DT (4 × 4)

Engine/Moteur/Motor

Power: kW (HP) at RPM / Puissance: kW (CH) à tr/mn / Leistung: kW (PS) bei U/min: 22 (30) ?

SAE ☐ BHP ☐ DIN ☐ PTO ☐ ? [X]

Max. torque: Nm at RPM / Couple maxi: Nm à tr/mn / Maximales Drehmoment: Nm bei U/min: ? /

No. of cylinders / Nbre de cylindres / Anzahl der Zylinder: 2

Capacity / Cylindrée / Hubraum: 1332 cm³

Cooling system / Refroidissement / Kühlung: air / à air / Luft [X] water / à eau / Wasser ☐ ? ☐

Fuel / Carburant / Kraftstoff: diesel / diesel / Diesel [X] gasoline / essence / Benzin ☐ ? ☐

Start / Démarrage / Start: by hand / manuel / von Hand ☐ electrical / électrique / elektrisch [X] ? ☐

Clutch/Embrayage/Kupplung

Disc(s) / Disque(s) / Scheibe(n): 1 belt / courroie / Riemen ☐ hydraulic / hydraulique / hydraulisch ☐ ? ☐

Transmission/Ensemble mécanique/Getriebe

No. of gears forward/reverse / Nombre de vitesses AV/AR / Gänge vor-/rückwärts: 6 / 3

speed min.-max., forward/reverse / vitesse min.-max., AV/AR / Geschwindigkeit min.-max., vor-/rückwärts: 1 – 27 / 2 – 7 km/h

differential lock / blocage différentiel / Differentialsperre: yes / oui / ja [X] no / non / nein ☐ ? ☐

Tire size/Pneumatiques/Bereifung

front / avant / vorn: 7,5 × 16 rear / arrière / hinten: 7,5 × 16

Implement attachment/Attelage/Geräteanbau

3-point-hitch / 3 points / Dreipunkt [X] category / catégorie / Kategorie: 1 / special frame / construct. spéciale / Sonderkonstruktion ☐

by hand / manuel / von Hand ☐ hydraulic / hydraulique / hydraulisch ☐ lifting capacity / force de levage / Hubkraft: 800 daN

Power take-off/Prise(s) de force/Zapfwelle

rear / arrière / hinten: 2 middle / ventrale / mittig ☐ front / avant / vorn *

RPM / tr/mn / U/min: 577, 879 + W; 462, 703

Dimensions/Encombrement/Maße und Gewichte

Width / Largeur / Breite: 1215 mm ground clearance / garde au sol / Bodenfreiheit: 292 mm wheel base / empattement / Radstand: 1115 mm

turning circle / cercle de braquage / Wendekreis: 5400 ∅ mm wheel track / voie / Spurweite: 1010 - 1185 mm

weight / poids à vide / Leergewicht: 1060 kg payload (if platform) / charge utile du plateau / Nutzlast bei Plattform: kg

Safety frame/arceau de protection/Sicherheitsbügel

yes / oui / ja * no / non / nein ☐

Options/Equipement optionnel/Zubehör

Weights / Masses / Ballastgewicht ☐ sun canopy / toit pare-soleil / Sonnendach ☐ cabin / cabine / Kabine ☐

belt pulley / poulie / Riemenscheibe ☐ crank handle / manivelle / Handkurbel ☐

Manufacturer offers/Gamme de production du fabricant/Hersteller bietet an

5 similar model(s) / version(s) similaire(s) / Typ(en) gleicher Bauart: 19 - 25 kW

different model(s) / version(s) différente(s) / Typ(en) anderer Bauart: - kW

Remarks/Remarques/Anmerkungen

[X] or [no.] = standard, * = optional, ? = not known, 1 daN ≅ 1kg, W = dependent pto, B = with brakes
[X] ou [Nombre] = Standard, * = Options, ? = non connu, 1 daN ≅ 1kg, W = P.d.F. proport. à l'avance., B = avec freins
[X] oder [Zahl] = Standard, * = Sonderausstattung, ? = nicht bekannt, 1 daN ≅ 1kg, W = Wegzapfwelle, B = mit Bremse

Country / Pays / Land	**ITALY**
Manufacturer / Fabricant / Hersteller	**NIBBI**
Model / Type / Typ	**230 T – DT (4 × 4)**

Engine/Moteur/Motor

Power: kW (HP) at RPM / Puissance: kW (CH) à tr/mn / Leistung: kW (PS) bei U/min: 22 (30) 3000

SAE ☐ BHP ☐ DIN ☐ PTO ☐ ? ☒

Max. torque: Nm at RPM / Couple maxi: Nm à tr/mn / Maximales Drehmoment: Nm bei U/min: ? /

No. of cylinders / Nbre de cylindres / Anzahl der Zylinder: 2

Capacity / Cylindrée / Hubraum cm^3: ?

Cooling system: / Refroidissement: / Kühlung: air / à air / Luft ☒ water / à eau / Wasser ☐ ? ☐

Fuel: / Carburant: / Kraftstoff: diesel / diesel / Diesel ☒ gasoline / essence / Benzin ☐ ? ☐

Start: / Démarrage: / Start: by hand / manuel / von Hand ☐ electrical / électrique / elektrisch ☒ ? ☐

Clutch/Embrayage/Kupplung

Disc(s) / Disque(s) / Scheibe(n) 1 belt / courroie / Riemen ☐ hydraulic / hydraulique / hydraulisch ☐ ? ☐

Transmission/Ensemble mécanique/Getriebe

No. of gears forward/reverse / Nombre de vitesses AV/AR / Gänge vor-/rückwärts: 9 / 3

speed min.-max., forward/reverse / vitesse min.-max., AV/AR / Geschwindigkeit min.-max., vor-/rückwärts km/h: 1 – 25 / 2 – 18

differential lock: / blocage différentiel: / Differentialsperre: yes / oui / ja ☒ no / non / nein ☐ ? ☐

Tire size/Pneumatiques/Bereifung

front / avant / vorn: 5 × 15 rear / arrière / hinten: 8 × 20

Implement attachment/Attelage/Geräteanbau

3-point-hitch / 3 points / Dreipunkt ☒ category / catégorie / Kategorie 1 / special frame / construct. spéciale / Sonderkonstruktion ☐

by hand / manuel / von Hand ☐ hydraulic / hydraulique / hydraulisch ☒ lifting capacity / force de levage / Hubkraft daN: ?

Power take-off/Prise(s) de force/Zapfwelle

rear / arrière / hinten 1 middle / ventrale / mittig ☐ front / avant / vorn ☐

560, 800 RPM tr/mn U/min

Dimensions/Encombrement/Maße und Gewichte

Width / Largeur mm / Breite: 1050 ground clearance / garde au sol mm / Bodenfreiheit: 260 wheel base / empattement mm / Radstand: 1420

turning circle / cercle de braquage ∅ mm / Wendekreis: ? wheel track / voie mm / Spurweite: 830 - 940

weight / poids à vide kg / Leergewicht: 950 payload (if platform) / charge utile du plateau kg / Nutzlast bei Plattform:

Safety frame/arceau de protection/Sicherheitsbügel

yes / oui / ja * no / non / nein ☐

Options/Equipement optionnel/Zubehör

Weights / Masses / Ballastgewicht ☐ sun canopy / toit pare-soleil / Sonnendach ☐ cabin / cabine / Kabine ☐

belt pulley / poulie / Riemenscheibe ☐ crank handle / manivelle / Handkurbel ☐

Manufacturer offers/Gamme de production du fabricant/Hersteller bietet an

2 similar model(s) / version(s) similaire(s) / Typ(en) gleicher Bauart 18 - 26 kW

2 different model(s) / version(s) différente(s) / Typ(en) anderer Bauart 18 - 26 kW

Remarks/Remarques/Anmerkungen

☒ or no. = standard, * = optional, ? = not known, 1 daN ≈ 1kg, W = dependent pto, B = with brakes
☒ ou Nombre = Standard, * = Options, ? = non connu, 1 daN ≈ 1kg, W = P.d.F. proport. à l'avance., B = avec freins
☒ oder Zahl = Standard, * = Sonderausstattung, ? = nicht bekannt, 1 daN ≈ 1kg, W = Wegzapfwelle, B = mit Bremse

Country / Pays / Land: **ITALY**

Manufacturer / Fabricant / Hersteller: **PASQUALI**

Model / Type / Typ: **970 – 30 (4 × 4)**

Engine/Moteur/Motor

Power: kW (HP) at RPM / Puissance: kW (CH) à tr/mn / Leistung: kW (PS) bei U/min: 24 (33) ?

SAE [ ] BHP [ ] DIN [ ] PTO [ ] ? [X]

Max. torque: Nm at RPM / Couple maxi: Nm à tr/mn / Maximales Drehmoment: Nm bei U/min: ? /

No. of cylinders / Nbre de cylindres / Anzahl der Zylinder: 2

Capacity / Cylindrée / Hubraum: 1332 cm³

Cooling system / Refroidissement / Kühlung: air / à air / Luft [X] water / à eau / Wasser [ ] ? [ ]

Fuel / Carburant / Kraftstoff: diesel / diesel / Diesel [X] gasoline / essence / Benzin [ ] ? [ ]

Start / Démarrage / Start: by hand / manuel / von Hand [ ] electrical / électrique / elektrisch [X] ? [ ]

Clutch/Embrayage/Kupplung

Disc(s) / Disque(s) / Scheibe(n) [1] belt / courroie / Riemen [ ] hydraulic / hydraulique / hydraulisch [ ] ? [ ]

Transmission/Ensemble mécanique/Getriebe

No. of gears forward/reverse / Nombre de vitesses AV/AR / Gänge vor-/rückwärts: 9 / 3

speed min.-max., forward/reverse / vitesse min.-max., AV/AR / Geschwindigkeit min.-max., vor-/rückwärts: 1 – 25 / 2 – 20 km/h

differential lock / blocage différentiel / Differentialsperre: yes / oui / ja [X] no / non / nein [ ] ? [ ]

Tire size/Pneumatiques/Bereifung

front / avant / vorn: 6,5 × 16 rear / arrière / hinten: 8,25 × 16

Implement attachment/Attelage/Geräteanbau

3-point-hitch / 3 points / Dreipunkt [*] category / catégorie / Kategorie: 0 / 1 special frame / construct. spéciale / Sonderkonstruktion [X]

by hand / manuel / von Hand [ ] hydraulic / hydraulique / hydraulisch [X] lifting capacity / force de levage / Hubkraft: ? daN

Power take-off/Prise(s) de force/Zapfwelle

rear / arrière / hinten [2] middle / ventrale / mittig [ ] front / avant / vorn [ ]

RPM / tr/mn / U/min: 570 / 730 + W; 590 / 750 + W

Dimensions/Encombrement/Maße und Gewichte

Width / Largeur / Breite: 1050 mm ground clearance / garde au sol / Bodenfreiheit: 280 mm wheel base / empattement / Radstand: 1180 mm

turning circle / cercle de braquage / Wendekreis: 6900 ∅ mm wheel track / voie / Spurweite: 90 - 1040 mm

weight / poids à vide / Leergewicht: 920 kg payload (if platform) / charge utile du plateau / Nutzlast bei Plattform: kg

Safety frame/arceau de protection/Sicherheitsbügel

yes / oui / ja [*] no / non / nein [ ]

Options/Equipement optionnel/Zubehör

Weights / Masses / Ballastgewicht [ ] sun canopy / toit pare-soleil / Sonnendach [ ] cabin / cabine / Kabine [ ]

belt pulley / poulie / Riemenscheibe [ ] crank handle / manivelle / Handkurbel [ ]

Manufacturer offers/Gamme de production du fabricant/Hersteller bietet an

3 similar model(s) / version(s) similaire(s) / Typ(en) gleicher Bauart: 13 - 23 kW

3 different model(s) / version(s) différente(s) / Typ(en) anderer Bauart: 14 - 20 kW

Remarks/Remarques/Anmerkungen

[X] or [no.] = standard, * = optional, ? = not known, 1 daN ≈ 1kg, W = dependent pto, B = with brakes

[X] ou [Nombre] = Standard, * = Options, ? = non connu, 1 daN ≈ 1kg, W = P.d.F. proport. à l'avance., B = avec freins

[X] oder [Zahl] = Standard, * = Sonderausstattung, ? = nicht bekannt, 1 daN ≈ 1kg, W = Wegzapfwelle, B = mit Bremse

Country / Pays / Land	ITALY
Manufacturer / Fabricant / Hersteller	PGS S.P.A.
Model / Type / Typ	ROMA 42 (4 × 4)

Engine/Moteur/Motor

Power: kW (HP) at RPM / Puissance: kW (CH) à tr/mn / Leistung: kW (PS) bei U/min: 24 (33) ?

SAE ☐ BHP ☐ DIN ☐ PTO ☐ ? ☒

Max. torque: Nm at RPM / Couple maxi: Nm à tr/mn / Maximales Drehmoment: Nm bei U/min: ? /

No. of cylinders / Nbre de cylindres / Anzahl der Zylinder: 2

Capacity / Cylindrée / Hubraum: ? cm^3

Cooling system / Refroidissement / Kühlung: air / à air / Luft ☒ — water / à eau / Wasser ☐ — ? ☐

Fuel / Carburant / Kraftstoff: diesel / diesel / Diesel ☒ — gasoline / essence / Benzin ☐ — ? ☐

Start / Démarrage / Start: by hand / manuel / von Hand ☐ — electrical / électrique / elektrisch ☒ — ? ☐

Clutch/Embrayage/Kupplung

Disc(s) / Disque(s) / Scheibe(n): 1 — belt / courroie / Riemen ☐ — hydraulic / hydraulique / hydraulisch ☐ — ? ☐

Transmission/Ensemble mécanique/Getriebe

No. of gears forward/reverse / Nombre de vitesses AV/AR / Gänge vor-/rückwärts: 6 / 2

speed min.-max., forward/reverse / vitesse min.-max., AV/AR / Geschwindigkeit min.-max., vor-/rückwärts: 1 – 25 / 2 – 15 km/h

Tire size/Pneumatiques/Bereifung

front / avant / vorn: 7,5 × 16 — rear / arrière / hinten: 7,5 × 16

differential lock / blocage différentiel / Differentialsperre: yes / oui / ja ☒ — no / non / nein ☐ — ? ☐

Implement attachment/Attelage/Geräteanbau

3-point-hitch / 3 points / Dreipunkt ☒ — category / catégorie / Kategorie: ? / — special frame / construct. spéciale / Sonderkonstruktion ☐

by hand / manuel / von Hand ☐ — hydraulic / hydraulique / hydraulisch ☒ — lifting capacity / force de levage / Hubkraft: ? daN

Power take-off/Prise(s) de force/Zapfwelle

rear / arrière / hinten: 1 — middle / ventrale / mittig ☐ — front / avant / vorn ☐

668 + W RPM tr/mn U/min

Dimensions/Encombrement/Maße und Gewichte

Width / Largeur mm / Breite: 1300 — ground clearance / garde au sol mm / Bodenfreiheit: ? — wheel base / empattement mm / Radstand: ?

turning circle / cercle de braquage ∅ mm / Wendekreis: 3900 — wheel track / voie mm / Spurweite: ? -

weight / poids à vide kg / Leergewicht: 900 — payload (if platform) / charge utile du plateau kg / Nutzlast bei Plattform:

Safety frame/arceau de protection/Sicherheitsbügel

yes / oui / ja ✱ — no / non / nein ☐

Options/Equipement optionnel/Zubehör

Weights / Masses / Ballastgewicht ☐ — sun canopy / toit pare-soleil / Sonnendach ☐ — cabin / cabine / Kabine ☐

belt pulley / poulie / Riemenscheibe ☐ — crank handle / manivelle / Handkurbel ☐

Manufacturer offers/Gamme de production du fabricant/Hersteller bietet an

1 similar model(s) / version(s) similaire(s) / Typ(en) gleicher Bauart: 21 - kW

3 different model(s) / version(s) différente(s) / Typ(en) anderer Bauart: 13 - 26 kW

Remarks/Remarques/Anmerkungen

....

☒ or [no.] = standard, ✱ = optional, ? = not known, 1 daN ≙ 1kg, W = dependent pto, B = with brakes
☒ ou [Nombre] = Standard, ✱ = Options, ? = non connu, 1 daN ≙ 1kg, W = P.d.F. proport. à l'avance., B = avec freins
☒ oder [Zahl] = Standard, ✱ = Sonderausstattung, ? = nicht bekannt, 1 daN ≙ 1kg, W = Wegzapfwelle, B = mit Bremse

Country / Pays / Land	ITALY
Manufacturer / Fabricant / Hersteller	SAME
Model / Type / Typ	DELFINO 35 (4 × 2) (4 × 4)*

Engine/Moteur/Motor

Power: kW (HP) at RPM / Puissance: kW (CH) à tr/mn / Leistung: kW (PS) bei U/min: 25 (34) 2200

SAE ☐ BHP ☐ DIN [X] PTO ☐ ? ☐

Max. torque: Nm at RPM / Couple maxi: Nm à tr/mn / Maximales Drehmoment: Nm bei U/min: 122 / 1450

No. of cylinders / Nbre de cylindres / Anzahl der Zylinder: 2

Capacity / Cylindrée / Hubraum: 1809 cm³

Cooling system / Refroidissement / Kühlung: air / à air / Luft [X] water / à eau / Wasser ☐ ? ☐

Fuel / Carburant / Kraftstoff: diesel / diesel / Diesel [X] gasoline / essence / Benzin ☐ ? ☐

Start / Démarrage / Start: by hand / manuel / von Hand ☐ electrical / électrique / elektrisch [X] ? ☐

Clutch/Embrayage/Kupplung

Disc(s) / Disque(s) / Scheibe(n): 2 belt / courroie / Riemen ☐ hydraulic / hydraulique / hydraulisch ☐ ? ☐

Transmission/Ensemble mécanique/Getriebe

No. of gears forward/reverse / Nombre de vitesses AV/AR / Gänge vor-/rückwärts: 6 / 2

speed min.-max., forward/reverse / vitesse min.-max., AV/AR / Geschwindigkeit min.-max., vor-/rückwärts: – 29 / 2 – 8 km/h

differential lock / blocage différentiel / Differentialsperre: yes / oui / ja [X] no / non / nein ☐ ? ☐

Tire size/Pneumatiques/Bereifung

front / avant / vorn: 6 × 16 rear / arrière / hinten: 11,2 / 10 × 28

Implement attachment/Attelage/Geräteanbau

3-point-hitch / 3 points / Dreipunkt [X] category / catégorie / Kategorie: 1 / special frame / construct. spéciale / Sonderkonstruktion ☐

by hand / manuel / von Hand ☐ hydraulic / hydraulique / hydraulisch [X] lifting capacity / force de levage / Hubkraft: 1470 daN

Power take-off/Prise(s) de force/Zapfwelle

rear / arrière / hinten: 1 middle / ventrale / mittig ☐ front / avant / vorn ☐

668 + W RPM / tr/mn / U/min

Dimensions/Encombrement/Maße und Gewichte

Width / Largeur / Breite: 1650 mm ground clearance / garde au sol / Bodenfreiheit: 350 mm wheel base / empattement / Radstand: 1700 mm

turning circle / cercle de braquage / Wendekreis: 7200 ∅ mm wheel track / voie / Spurweite: 1200 - 1800 mm

weight / poids à vide / Leergewicht: 1600 kg payload (if platform) / charge utile du plateau / Nutzlast bei Plattform: kg

Safety frame/arceau de protection/Sicherheitsbügel

yes / oui / ja [X] no / non / nein ☐

Options/Equipement optionnel/Zubehör

Weights / Masses / Ballastgewicht [*] sun canopy / toit pare-soleil / Sonnendach ☐ cabin / cabine / Kabine ☐

belt pulley / poulie / Riemenscheibe [*] crank handle / manivelle / Handkurbel ☐

Manufacturer offers/Gamme de production du fabricant/Hersteller bietet an

similar model(s) / version(s) similaire(s) / Typ(en) gleicher Bauart: - kW

different model(s) / version(s) différente(s) / Typ(en) anderer Bauart: - kW

Remarks/Remarques/Anmerkungen

[X] or [no.] = standard, * = optional, ? = not known, 1 daN ≙ 1kg, W = dependent pto, B = with brakes
[X] ou [Nombre] = Standard, * = Options, ? = non connu, 1 daN ≙ 1kg, W = P.d.F. proport. à l'avance., B = avec freins
[X] oder [Zahl] = Standard, * = Sonderausstattung, ? = nicht bekannt, 1 daN ≙ 1kg, W = Wegzapfwelle, B = mit Bremse

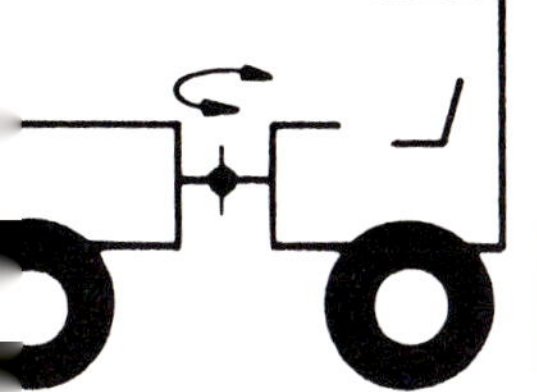

Country Pays Land	ITALY
Manufacturer Fabricant Hersteller	VALPADANA S.P.A.
Model Type Typ	330 4 RM (4 × 4)

Engine/Moteur/Motor

Power: kW (HP) at RPM / Puissance: kW (CH) à tr/mn / Leistung: kW (PS) bei U/min: 24 (33) ?

SAE [ ] BHP [ ] DIN [ ] PTO [ ] ? [X]

Max. torque: Nm at RPM / Couple maxi: Nm à tr/mn / Maximales Drehmoment: Nm bei U/min: ? /

No. of cylinders / Nbre de cylindres / Anzahl der Zylinder: 2

Capacity / Cylindrée / Hubraum: ? cm³

Cooling system / Refroidissement / Kühlung: air / à air / Luft [X] water / à eau / Wasser [ ] ? [ ]

Fuel / Carburant / Kraftstoff: diesel / diesel / Diesel [X] gasoline / essence / Benzin [ ] ? [ ]

Start / Démarrage / Start: by hand / manuel / von Hand [ ] electrical / électrique / elektrisch [X] ? [ ]

Clutch/Embrayage/Kupplung

Disc(s) / Disque(s) / Scheibe(n) [1] belt / courroie / Riemen [ ] hydraulic / hydraulique / hydraulisch [ ] ? [ ]

Transmission/Ensemble mécanique/Getriebe

No. of gears forward/reverse / Nombre de vitesses AV/AR / Gänge vor-/rückwärts: 6 / 2

speed min.-max., forward/reverse / vitesse min.-max., AV/AR / Geschwindigkeit min.-max., vor-/rückwärts: 1 – 22 / 2 – 7 km/h

differential lock / blocage différentiel / Differentialsperre: yes / oui / ja [X] no / non / nein [ ] ? [ ]

Tire size/Pneumatiques/Bereifung

front / avant / vorn: 7,5 × 16 rear / arrière / hinten: 7,5 × 16

Implement attachment/Attelage/Geräteanbau

3-point-hitch / 3 points / Dreipunkt [X] category / catégorie / Kategorie: 1 / special frame / construct. spéciale / Sonderkonstruktion [ ]

by hand / manuel / von Hand [ ] hydraulic / hydraulique / hydraulisch [X] lifting capacity / force de levage / Hubkraft: 1100 daN

Power take-off/Prise(s) de force/Zapfwelle

rear / arrière / hinten [2] middle / ventrale / mittig [ ] front / avant / vorn [ ]

540 / 760 / + W RPM tr/mn U/min

Dimensions/Encombrement/Maße und Gewichte

Width / Largeur / Breite: 980 mm ground clearance / garde au sol / Bodenfreiheit: 260 mm wheel base / empattement / Radstand: 1110 mm

turning circle / cercle de braquage / Wendekreis: 5800 ∅ mm wheel track / voie / Spurweite: 790 - mm

weight / poids à vide / Leergewicht: 900 kg payload (if platform) / charge utile du plateau / Nutzlast bei Plattform: kg

Safety frame/arceau de protection/Sicherheitsbügel

yes / oui / ja [*] no / non / nein [ ]

Options/Equipement optionnel/Zubehör

Weights / Masses / Ballastgewicht [ ] sun canopy / toit pare-soleil / Sonnendach [ ] cabin / cabine / Kabine [ ]

belt pulley / poulie / Riemenscheibe [ ] crank handle / manivelle / Handkurbel [ ]

Manufacturer offers/Gamme de production du fabricant/Hersteller bietet an

2 similar model(s) / version(s) similaire(s) / Typ(en) gleicher Bauart: 19 - 25 kW

4 different model(s) / version(s) différente(s) / Typ(en) anderer Bauart: 19 - 25 kW

Remarks/Remarques/Anmerkungen

[X] or [no.] = standard, * = optional, ? = not known, 1 daN ≙ 1kg, W = dependent pto, B = with brakes
[X] ou [Nombre] = Standard, * = Options, ? = non connu, 1 daN ≙ 1kg, W = P.d.F. proport. à l'avance., B = avec freins
[X] oder [Zahl] = Standard, * = Sonderausstattung, ? = nicht bekannt, 1 daN ≙ 1kg, W = Wegzapfwelle, B = mit Bremse

Country / Pays / Land: **JAPAN**

Manufacturer / Fabricant / Hersteller: **HINOMOTO**

Model / Type / Typ: **E 2602 AS (4 × 2)**, **E 2604 PS 1 (4 × 4)***

M

Engine/Moteur/Motor

Power: kW (HP) at RPM / Puissance: kW (CH) à tr/mn / Leistung: kW (PS) bei U/min: 19 (26) 2500

SAE ☐ BHP ☐ DIN ☐ PTO ☐ ? [X]

Max. torque: Nm at RPM / Couple maxi: Nm à tr/mn / Maximales Drehmoment: Nm bei U/min: ? /

No. of cylinders / Nbre de cylindres / Anzahl der Zylinder: 3

Capacity / Cylindrée / Hubraum cm³: 1395

Cooling system / Refroidissement / Kühlung: air / à air / Luft ☐ water / à eau / Wasser ☐ ? [X]

Fuel / Carburant / Kraftstoff: diesel / diesel / Diesel [X] gasoline / essence / Benzin ☐ ? ☐

Start / Démarrage / Start: by hand / manuel / von Hand ☐ electrical / électrique / elektrisch [X] ? ☐

Clutch/Embrayage/Kupplung

Disc(s) / Disque(s) / Scheibe(n) ☐ belt / courroie / Riemen ☐ hydraulic / hydraulique / hydraulisch ☐ ? [X]

Transmission/Ensemble mécanique/Getriebe

No. of gears forward/reverse / Nombre de vitesses AV/AR / Gänge vor-/rückwärts: 12 / 5

speed min.-max., forward/reverse / vitesse min.-max., AV/AR / Geschwindigkeit min.-max., vor-/rückwärts km/h: ? /

differential lock / blocage différentiel / Differentialsperre: yes / oui / ja ☐ no / non / nein ☐ ? [X]

Tire size/Pneumatiques/Bereifung

front / avant / vorn: 4 × 15 rear / arrière / hinten: 11.2 × 24

Implement attachment/Attelage/Geräteanbau

3-point-hitch / 3 points / Dreipunkt [X] category / catégorie / Kategorie: 1 / special frame / construct. spéciale / Sonderkonstruktion ☐

by hand / manuel / von Hand ☐ hydraulic / hydraulique / hydraulisch [X] lifting capacity / force de levage / Hubkraft daN: ?

Power take-off/Prise(s) de force/Zapfwelle

rear / arrière / hinten [1] middle / ventrale / mittig ☐ front / avant / vorn ☐

564–1419 RPM tr/mn U/min

Dimensions/Encombrement/Maße und Gewichte

Width / Largeur mm / Breite: 1360 ground clearance / garde au sol mm / Bodenfreiheit: ? wheel base / empattement mm / Radstand: 1710

turning circle / cercle de braquage ∅ mm / Wendekreis: ? wheel track / voie mm / Spurweite: ? -

weight / poids à vide kg / Leergewicht: 1200 payload (if platform) / charge utile du plateau kg / Nutzlast bei Plattform:

Safety frame/arceau de protection/Sicherheitsbügel

yes / oui / ja ☐ no / non / nein [X]

Options/Equipement optionnel/Zubehör

Weights / Masses / Ballastgewicht ☐ sun canopy / toit pare-soleil / Sonnendach ☐ cabin / cabine / Kabine ☐

belt pulley / poulie / Riemenscheibe ☐ crank handle / manivelle / Handkurbel ☐

Manufacturer offers/Gamme de production du fabricant/Hersteller bietet an

13 similar model(s) / version(s) similaire(s) / Typ(en) gleicher Bauart: 10 - 24 kW

different model(s) / version(s) différente(s) / Typ(en) anderer Bauart: - kW

Remarks/Remarques/Anmerkungen

HINOMOTO tractors are sold in some countries by MASSEY-FERGUSON, DEUTZ ALLIS, SIMPLICITY

[X] or [no.] = standard, * = optional, ? = not known, 1 daN ≙ 1kg, W = dependent pto, B = with brakes
[X] ou [Nombre] = Standard, * = Options, ? = non connu, 1 daN ≙ 1kg, W = P.d.F. proport. à l'avance., B = avec freins
[X] oder [Zahl] = Standard, * = Sonderausstattung, ? = nicht bekannt, 1 daN ≙ 1kg, W = Wegzapfwelle, B = mit Bremse

Country / Pays / Land: **JAPAN**

Manufacturer / Fabricant / Hersteller: **ISEKI**

Model / Type / Typ: **TA 250 C (4 × 2)**
TA 250 F-G (4 × 4)*

Engine/Moteur/Motor

Power: kW (HP) at RPM / Puissance: kW (CH) à tr/mn / Leistung: kW (PS) bei U/min: 18 (25) 2500

SAE ☐ BHP ☐ DIN ☐ PTO ☐ ? ☒

Max. torque: Nm at RPM / Couple maxi: Nm à tr/mn / Maximales Drehmoment: Nm bei U/min: ? /

No. of cylinders / Nbre de cylindres / Anzahl der Zylinder: 3

Capacity / Cylindrée / Hubraum cm³: 1498

Cooling system / Refroidissement / Kühlung: air / à air / Luft ☐ water / à eau / Wasser ☐ ? ☒

Fuel / Carburant / Kraftstoff: diesel / diesel / Diesel ☒ gasoline / essence / Benzin ☐ ? ☐

Start / Démarrage / Start: by hand / manuel / von Hand ☐ electrical / électrique / elektrisch ☒ ? ☒

Clutch/Embrayage/Kupplung

Disc(s) / Disque(s) / Scheibe(n) ☐ belt / courroie / Riemen ☐ hydraulic / hydraulique / hydraulisch ☐ ? ☒

Transmission/Ensemble mécanique/Getriebe

No. of gears forward/reverse / Nombre de vitesses AV/AR / Gänge vor-/rückwärts: 16 / 16

speed min.-max., forward/reverse / vitesse min.-max., AV/AR / Geschwindigkeit min.-max., vor-/rückwärts km/h: ? / ?

differential lock / blocage différentiel / Differentialsperre: yes / oui / ja ☐ no / non / nein ☐ ? ☒

Tire size/Pneumatiques/Bereifung

front / avant / vorn: 5 × 15 rear / arrière / hinten: 11.2 × 24

Implement attachment/Attelage/Geräteanbau

3-point-hitch / 3 points / Dreipunkt ☒ category / catégorie / Kategorie: 1 / special frame / construct. spéciale / Sonderkonstruktion ☐

by hand / manuel / von Hand ☐ hydraulic / hydraulique / hydraulisch ☐ lifting capacity / force de levage / Hubkraft daN:

Power take-off/Prise(s) de force/Zapfwelle

rear / arrière / hinten: 1 middle / ventrale / mittig ☐ front / avant / vorn ☐

RPM / tr/mn / U/min: 565–1244

Dimensions/Encombrement/Maße und Gewichte

Width / Largeur / Breite mm: 1320 ground clearance / garde au sol / Bodenfreiheit mm: ? wheel base / empattement / Radstand mm: 1610

turning circle / cercle de braquage / Wendekreis ∅ mm: ? wheel track / voie / Spurweite mm: ? -

weight / poids à vide / Leergewicht kg: 1045 payload (if platform) / charge utile du plateau / Nutzlast bei Plattform kg:

Safety frame/arceau de protection/Sicherheitsbügel

yes / oui / ja ☐ no / non / nein ☒

Options/Equipement optionnel/Zubehör

Weights / Masses / Ballastgewicht ☐ sun canopy / toit pare-soleil / Sonnendach ☐ cabin / cabine / Kabine ☐

belt pulley / poulie / Riemenscheibe ☐ crank handle / manivelle / Handkurbel ☐

Manufacturer offers/Gamme de production du fabricant/Hersteller bietet an

29 similar model(s) / version(s) similaire(s) / Typ(en) gleicher Bauart kW: 9 - 26

different model(s) / version(s) différente(s) / Typ(en) anderer Bauart kW: -

Remarks/Remarques/Anmerkungen

....

☒ or [no.] = standard, * = optional, ? = not known, 1 daN ≘ 1kg, W = dependent pto, B = with brakes
☒ ou [Nombre] = Standard, * = Options, ? = non connu, 1 daN ≘ 1kg, W = P.d.F. proport. à l'avance., B = avec freins
☒ oder [Zahl] = Standard, * = Sonderausstattung, ? = nicht bekannt, 1 daN ≘ 1kg, W = Wegzapfwelle, B = mit Bremse

Country / Pays / Land	JAPAN
Manufacturer / Fabricant / Hersteller	KUBOTA
Model / Type / Typ	L 1-265 (4 × 2) L 1-265 D (4 × 4)*

Engine/Moteur/Motor

Power: kW (HP) at RPM / Puissance: kW (CH) à tr/mn / Leistung: kW (PS) bei U/min: 19 (26) 2600

SAE ☐ BHP ☐ DIN ☐ PTO ☐ ? ☒

Max. torque: Nm at RPM / Couple maxi: Nm à tr/mn / Maximales Drehmoment: Nm bei U/min: ? /

No. of cylinders / Nbre de cylindres / Anzahl der Zylinder: 4

Capacity / Cylindrée / Hubraum: 1499 cm^3

Cooling system / Refroidissement / Kühlung: air / à air / Luft ☐ water / à eau / Wasser ☐ ? ☒

Fuel / Carburant / Kraftstoff: diesel / diesel / Diesel ☒ gasoline / essence / Benzin ☐ ? ☐

Start / Démarrage / Start: by hand / manuel / von Hand ☐ electrical / électrique / elektrisch ☒ ? ☐

Clutch/Embrayage/Kupplung

Disc(s) / Disque(s) / Scheibe(n) ☐ belt / courroie / Riemen ☐ hydraulic / hydraulique / hydraulisch ☐ ? ☒

Transmission/Ensemble mécanique/Getriebe

No. of gears forward/reverse / Nombre de vitesses AV/AR / Gänge vor-/rückwärts: 16 / 16

speed min.-max., forward/reverse / vitesse min.-max., AV/AR / Geschwindigkeit min.-max., vor-/rückwärts: ? / km/h

Tire size/Pneumatiques/Bereifung

front / avant / vorn: 5 × 15 rear / arrière / hinten: 12.4 × 24

differential lock / blocage différentiel / Differentialsperre: yes / oui / ja ☐ no / non / nein ☐ ? ☒

Implement attachment/Attelage/Geräteanbau

3-point-hitch / 3 points / Dreipunkt ☒ category / catégorie / Kategorie: 1 / special frame / construct. spéciale / Sonderkonstruktion ☐

by hand / manuel / von Hand ☐ hydraulic / hydraulique / hydraulisch ☒ lifting capacity / force de levage / Hubkraft: ? daN

Power take-off/Prise(s) de force/Zapfwelle

rear / arrière / hinten: 1 middle / ventrale / mittig ☐ front / avant / vorn ☐

578–1300 RPM tr/mn U/min

Dimensions/Encombrement/Maße und Gewichte

Width / Largeur / Breite: 1380 mm ground clearance / garde au sol / Bodenfreiheit: ? mm wheel base / empattement / Radstand: 1690 mm

turning circle / cercle de braquage / Wendekreis: ? ∅ mm wheel track / voie / Spurweite: ? - mm

weight / poids à vide / Leergewicht: 1080 kg payload (if platform) / charge utile du plateau / Nutzlast bei Plattform: kg

Safety frame/arceau de protection/Sicherheitsbügel

yes / oui / ja ☒ no / non / nein ☐

Options/Equipement optionnel/Zubehör

Weights / Masses / Ballastgewicht ☐ sun canopy / toit pare-soleil / Sonnendach ☐ cabin / cabine / Kabine ☐

belt pulley / poulie / Riemenscheibe ☐ crank handle / manivelle / Handkurbel ☐

Manufacturer offers/Gamme de production du fabricant/Hersteller bietet an

33 similar model(s) / version(s) similaire(s) / Typ(en) gleicher Bauart: 9 - 24 kW

different model(s) / version(s) différente(s) / Typ(en) anderer Bauart: - kW

Remarks/Remarques/Anmerkungen

☒ or no. = standard, * = optional, ? = not known, 1 daN ≙ 1kg, W = dependent pto, B = with brakes
☒ ou Nombre = Standard, * = Options, ? = non connu, 1 daN ≙ 1kg, W = P.d.F. proport. à l'avance., B = avec freins
☒ oder Zahl = Standard, * = Sonderausstattung, ? = nicht bekannt, 1 daN ≙ 1kg, W = Wegzapfwelle, B = mit Bremse

Country / Pays / Land: **JAPAN**

Manufacturer / Fabricant / Hersteller: **MITSUBISHI**

Model / Type / Typ: **MT 25 (4 × 2)**
MT 250 (4 × 4)*

Engine/Moteur/Motor

Power: kW (HP) at RPM / Puissance: kW (CH) à tr/mn / Leistung: kW (PS) bei U/min: 18 (25) 2500

SAE ☐ BHP ☐ DIN ☐ PTO ☐ ? ☒

Max. torque: Nm at RPM / Couple maxi: Nm à tr/mn / Maximales Drehmoment: Nm bei U/min: ? /

No. of cylinders / Nbre de cylindres / Anzahl der Zylinder: 4

Capacity / Cylindrée / Hubraum cm^3: 1490

Cooling system / Refroidissement / Kühlung: air / à air / Luft ☐ water / à eau / Wasser ☐ ? ☒

Fuel / Carburant / Kraftstoff: diesel / diesel / Diesel ☒ gasoline / essence / Benzin ☐ ? ☐

Start / Démarrage / Start: by hand / manuel / von Hand ☐ electrical / électrique / elektrisch ☒ ? ☐

Clutch/Embrayage/Kupplung

Disc(s) / Disque(s) / Scheibe(n) ☐ belt / courroie / Riemen ☐ hydraulic / hydraulique / hydraulisch ☐ ? ☒

Transmission/Ensemble mécanique/Getriebe

No. of gears forward/reverse / Nombre de vitesses AV/AR / Gänge vor-/rückwärts: 16 / 10

speed min.-max., forward/reverse / vitesse min.-max., AV/AR / Geschwindigkeit min.-max., vor-/rückwärts km/h: ? / ?

differential lock / blocage différentiel / Differentialsperre: yes / oui / ja ☐ no / non / nein ☐ ? ☒

Tire size/Pneumatiques/Bereifung

front / avant / vorn: 5 × 15 rear / arrière / hinten: 11.2 × 24

Implement attachment/Attelage/Geräteanbau

3-point-hitch / 3 points / Dreipunkt ☒ category / catégorie / Kategorie: 1 / special frame / construct. spéciale / Sonderkonstruktion ☐

by hand / manuel / von Hand ☐ hydraulic / hydraulique / hydraulisch ☒ lifting capacity / force de levage / Hubkraft daN:

Power take-off/Prise(s) de force/Zapfwelle

rear / arrière / hinten 1 middle / ventrale / mittig ☐ front / avant / vorn ☐

RPM / tr/mn / U/min: 557–1316

Dimensions/Encombrement/Maße und Gewichte

Width / Largeur mm / Breite: ? ground clearance / garde au sol mm / Bodenfreiheit: ? wheel base / empattement mm / Radstand: 1530

turning circle / cercle de braquage ∅ mm / Wendekreis: ? wheel track / voie mm / Spurweite: ? -

weight / poids à vide kg / Leergewicht: 1045 payload (if platform) / charge utile du plateau kg / Nutzlast bei Plattform:

Safety frame/arceau de protection/Sicherheitsbügel

yes / oui / ja ☐ no / non / nein ☒

Options/Equipement optionnel/Zubehör

Weights / Masses / Ballastgewicht ☐ sun canopy / toit pare-soleil / Sonnendach ☐ cabin / cabine / Kabine ☐

belt pulley / poulie / Riemenscheibe ☐ crank handle / manivelle / Handkurbel ☐

Manufacturer offers/Gamme de production du fabricant/Hersteller bietet an

19 similar model(s) / version(s) similaire(s) / Typ(en) gleicher Bauart kW: 10 - 24

different model(s) / version(s) différente(s) / Typ(en) anderer Bauart kW: -

Remarks/Remarques/Anmerkungen

MITSUBISHI tractors are sold in some countries by CASE IH, BOLENS

☒ or no. = standard, * = optional, ? = not known, 1 daN ≙ 1kg, W = dependent pto, B = with brakes
☒ ou Nombre = Standard, * = Options, ? = non connu, 1 daN ≙ 1kg, W = P.d.F. proport. à l'avance., B = avec freins
☒ oder Zahl = Standard, * = Sonderausstattung, ? = nicht bekannt, 1 daN ≙ 1kg, W = Wegzapfwelle, B = mit Bremse

Country / Pays / Land: **JAPAN**

Manufacturer / Fabricant / Hersteller: **SHIBAURA**

Model / Type / Typ: **D 26 (4 × 2)**, **D 26 F (4 × 4)***

Engine/Moteur/Motor

Power: kW (HP) at RPM / Puissance: kW (CH) à tr/mn / Leistung: kW (PS) bei U/min: 19 (26) 2550

SAE [ ] BHP [ ] DIN [ ] PTO [ ] ? [X]

Max. torque: Nm at RPM / Couple maxi: Nm à tr/mn / Maximales Drehmoment: Nm bei U/min: ? /

No. of cylinders / Nbre de cylindres / Anzahl der Zylinder: 4

Capacity / Cylindrée / Hubraum: 1499 cm^3

Cooling system / Refroidissement / Kühlung: air / à air / Luft [ ] water / à eau / Wasser [ ] ? [X]

Fuel / Carburant / Kraftstoff: diesel / diesel / Diesel [X] gasoline / essence / Benzin [ ] ? [ ]

Start / Démarrage / Start: by hand / manuel / von Hand [ ] electrical / électrique / elektrisch [X] ? [ ]

Clutch/Embrayage/Kupplung

Disc(s) / Disque(s) / Scheibe(n) [ ] belt / courroie / Riemen [ ] hydraulic / hydraulique / hydraulisch [ ] ? [X]

Transmission/Ensemble mécanique/Getriebe

No. of gears forward/reverse / Nombre de vitesses AV/AR / Gänge vor-/rückwärts: 24 / 24

speed min.-max., forward/reverse / vitesse min.-max., AV/AR / Geschwindigkeit min.-max., vor-/rückwärts: ? / ? km/h

differential lock / blocage différentiel / Differentialsperre: yes / oui / ja [ ] no / non / nein [ ] ? [X]

Tire size/Pneumatiques/Bereifung

front / avant / vorn: 5 × 15 rear / arrière / hinten: 12.4 × 24

Implement attachment/Attelage/Geräteanbau

3-point-hitch / 3 points / Dreipunkt [X] category / catégorie / Kategorie: 1 / special frame / construct. spéciale / Sonderkonstruktion [ ]

by hand / manuel / von Hand [ ] hydraulic / hydraulique / hydraulisch [X] lifting capacity / force de levage / Hubkraft: daN

Power take-off/Prise(s) de force/Zapfwelle

rear / arrière / hinten [1] middle / ventrale / mittig [ ] front / avant / vorn [ ]

556–1276 RPM tr/mn U/min

Dimensions/Encombrement/Maße und Gewichte

Width / Largeur mm / Breite: 1450 ground clearance / garde au sol / Bodenfreiheit: ? mm wheel base / empattement mm / Radstand: 1700

turning circle / cercle de braquage ∅ mm / Wendekreis: ? wheel track / voie / Spurweite: ? - mm

weight / poids à vide / Leergewicht: 1170 kg payload (if platform) / charge utile du plateau / Nutzlast bei Plattform: kg

Safety frame/arceau de protection/Sicherheitsbügel

yes / oui / ja [X] no / non / nein [ ]

Options/Equipement optionnel/Zubehör

Weights / Masses / Ballastgewicht [ ] sun canopy / toit pare-soleil / Sonnendach [ ] cabin / cabine / Kabine [ ]

belt pulley / poulie / Riemenscheibe [ ] crank handle / manivelle / Handkurbel [ ]

Manufacturer offers/Gamme de production du fabricant/Hersteller bietet an

16 similar model(s) / version(s) similaire(s) / Typ(en) gleicher Bauart: 11 - 25 kW

different model(s) / version(s) différente(s) / Typ(en) anderer Bauart: - kW

Remarks/Remarques/Anmerkungen

SHIBAURA tractors are sold in some countries by FORD

[X] or [no.] = standard, * = optional, ? = not known, 1 daN ≘ 1kg, W = dependent pto, B = with brakes
[X] ou [Nombre] = Standard, * = Options, ? = non connu, 1 daN ≘ 1kg, W = P.d.F. proport. à l'avance., B = avec freins
[X] oder [Zahl] = Standard, * = Sonderausstattung, ? = nicht bekannt, 1 daN ≘ 1kg, W = Wegzapfwelle, B = mit Bremse

Country / Pays / Land: **JAPAN**

Manufacturer / Fabricant / Hersteller: **YANMAR**

Model / Type / Typ: **FX 26 PHS (4 × 2)**
FX 26 DPHS (4 × 4)*

Engine/Moteur/Motor

Power: kW (HP) at RPM / Puissance: kW (CH) à tr/mn / Leistung: kW (PS) bei U/min: 19 (26) 2500

SAE ☐ BHP ☐ DIN ☐ PTO ☐ ? ☒

Max. torque: Nm at RPM / Couple maxi: Nm à tr/mn / Maximales Drehmoment: Nm bei U/min: ? /

No. of cylinders / Nbre de cylindres / Anzahl der Zylinder: 4

Capacity / Cylindrée / Hubraum cm³: 1490

Cooling system / Refroidissement / Kühlung: air / à air / Luft ☐ water / à eau / Wasser ☐ ? ☒

Fuel / Carburant / Kraftstoff: diesel / diesel / Diesel ☒ gasoline / essence / Benzin ☐ ? ☐

Start / Démarrage / Start: by hand / manuel / von Hand ☐ electrical / électrique / elektrisch ☒ ? ☐

Clutch/Embrayage/Kupplung

Disc(s) / Disque(s) / Scheibe(n) ☐ belt / courroie / Riemen ☐ hydraulic / hydraulique / hydraulisch ☐ ? ☒

Transmission/Ensemble mécanique/Getriebe

No. of gears forward/reverse / Nombre de vitesses AV/AR / Gänge vor-/rückwärts: 24 / 12

speed min.-max., forward/reverse / vitesse min.-max., AV/AR / Geschwindigkeit min.-max., vor-/rückwärts km/h: ? / ?

differential lock / blocage différentiel / Differentialsperre: yes / oui / ja ☐ no / non / nein ☐ ? ☒

Tire size/Pneumatiques/Bereifung

front / avant / vorn: 5 × 15 rear / arrière / hinten: 12.4 × 24

Implement attachment/Attelage/Geräteanbau

3-point-hitch / 3 points / Dreipunkt ☒ category / catégorie / Kategorie: 1 / special frame / construct. spéciale / Sonderkonstruktion ☐

by hand / manuel / von Hand ☐ hydraulic / hydraulique / hydraulisch ☒ lifting capacity / force de levage / Hubkraft daN: ?

Power take-off/Prise(s) de force/Zapfwelle

rear / arrière / hinten: 1 middle / ventrale / mittig ☐ front / avant / vorn ☐

RPM / tr/mn / U/min: 552–1250

Dimensions/Encombrement/Maße und Gewichte

Width / Largeur mm / Breite: 1480 ground clearance / garde au sol / Bodenfreiheit mm: ? wheel base / empattement mm / Radstand: 1830

turning circle / cercle de braquage ∅ mm / Wendekreis: ? wheel track / voie / Spurweite mm: ? -

weight / poids à vide / Leergewicht kg: 1600 payload (if platform) / charge utile du plateau / Nutzlast bei Plattform kg:

Safety frame/arceau de protection/Sicherheitsbügel

yes / oui / ja ☒ no / non / nein ☐

Options/Equipement optionnel/Zubehör

Weights / Masses / Ballastgewicht ☐ sun canopy / toit pare-soleil / Sonnendach ☐ cabin / cabine / Kabine ☐

belt pulley / poulie / Riemenscheibe ☐ crank handle / manivelle / Handkurbel ☐

Manufacturer offers/Gamme de production du fabricant/Hersteller bietet an

40 similar model(s) / version(s) similaire(s) / Typ(en) gleicher Bauart: 10 - 24 kW

different model(s) / version(s) différente(s) / Typ(en) anderer Bauart: - kW

Remarks/Remarques/Anmerkungen

YANMAR tractors are sold in some countries by JOHN DEERE

☒ or [no.] = standard, * = optional, ? = not known, 1 daN ≈ 1kg, W = dependent pto, B = with brakes
☒ ou [Nombre] = Standard, * = Options, ? = non connu, 1 daN ≈ 1kg, W = P.d.F. proport. à l'avance., B = avec freins
☒ oder [Zahl] = Standard, * = Sonderausstattung, ? = nicht bekannt, 1 daN ≈ 1kg, W = Wegzapfwelle, B = mit Bremse

Country / Pays / Land	**KOREA (D.R.)**
Manufacturer / Fabricant / Hersteller	**DAEDONG INDUSTRIAL CO., LTD**
Model / Type / Typ	**T 2600 (4 × 4)**

Engine/Moteur/Motor

Power: kW (HP) at RPM / Puissance: kW (CH) à tr/mn / Leistung: kW (PS) bei U/min: 19 (26) 2800

SAE [ ] BHP [X] DIN [ ] PTO [ ] ? [ ]

Max. torque: Nm at RPM / Couple maxi: Nm à tr/mn / Maximales Drehmoment: Nm bei U/min: ? /

No. of cylinders / Nbre de cylindres / Anzahl der Zylinder: 3

Capacity / Cylindrée / Hubraum cm³: 1299

Cooling system / Refroidissement / Kühlung: air / à air / Luft [ ] water / à eau / Wasser [X] ? [ ]

Fuel / Carburant / Kraftstoff: diesel / diesel / Diesel [X] gasoline / essence / Benzin [ ] ? [ ]

Start / Démarrage / Start: by hand / manuel / von Hand [ ] electrical / électrique / elektrisch [X] ? [ ]

Clutch/Embrayage/Kupplung

Disc(s) / Disque(s) / Scheibe(n) [ ] belt / courroie / Riemen [ ] hydraulic / hydraulique / hydraulisch [ ] ? [X]

Transmission/Ensemble mécanique/Getriebe

No. of gears forward/reverse / Nombre de vitesses AV/AR / Gänge vor-/rückwärts: 8 / 2

speed min.-max., forward/reverse / vitesse min.-max., AV/AR / Geschwindigkeit min.-max., vor-/rückwärts km/h: 3 – 20 / 3 – 12

differential lock / blocage différentiel / Differentialsperre: yes / oui / ja [X] no / non / nein [ ] ? [ ]

Tire size/Pneumatiques/Bereifung

front / avant / vorn: 6 × 14 rear / arrière / hinten: 9.5 × 24

Implement attachment/Attelage/Geräteanbau

3-point-hitch / 3 points / Dreipunkt [ ] category / catégorie / Kategorie: / special frame / construct. spéciale / Sonderkonstruktion [ ]

by hand / manuel / von Hand [ ] hydraulic / hydraulique / hydraulisch [X] lifting capacity / force de levage / Hubkraft daN:

Power take-off/Prise(s) de force/Zapfwelle

rear / arrière / hinten [1] middle / ventrale / mittig [ ] front / avant / vorn [1]

540–1000 RPM tr/mn U/min 2800

Dimensions/Encombrement/Maße und Gewichte

Width / Largeur mm / Breite: 1300 ground clearance / garde au sol / Bodenfreiheit mm: 254 wheel base / empattement mm / Radstand: 1640

turning circle / cercle de braquage ∅ mm / Wendekreis: ? wheel track / voie / Spurweite mm: 980 - 1212

weight / poids à vide / Leergewicht kg: 980 payload (if platform) / charge utile du plateau / Nutzlast bei Plattform kg:

Safety frame/arceau de protection/Sicherheitsbügel

yes / oui / ja [*] no / non / nein [ ]

Options/Equipement optionnel/Zubehör

Weights / Masses / Ballastgewicht [X] sun canopy / toit pare-soleil / Sonnendach [ ] cabin / cabine / Kabine [ ]

belt pulley / poulie / Riemenscheibe [ ] crank handle / manivelle / Handkurbel [ ]

Manufacturer offers/Gamme de production du fabricant/Hersteller bietet an

4 similar model(s) / version(s) similaire(s) / Typ(en) gleicher Bauart: 12 - 16 kW

different model(s) / version(s) différente(s) / Typ(en) anderer Bauart: - kW

Remarks/Remarques/Anmerkungen

manufactured in a joint-venture with KUBOTA, Japan

[X] or [no.] = standard, * = optional, ? = not known, 1 daN ≙ 1kg, W = dependent pto, B = with brakes
[X] ou [Nombre] = Standard, * = Options, ? = non connu, 1 daN ≙ 1kg, W = P.d.F. proport. à l'avance., B = avec freins
[X] oder [Zahl] = Standard, * = Sonderausstattung, ? = nicht bekannt, 1 daN ≙ 1kg, W = Wegzapfwelle, B = mit Bremse

Country / Pays / Land	KOREA (D.R.)
Manufacturer / Fabricant / Hersteller	GOLDSTAR CABLE
Model / Type / Typ	MT 3501 D (4 × 4)

Engine/Moteur/Motor

Power: kW (HP) at RPM / Puissance: kW (CH) à tr/mn / Leistung: kW (PS) bei U/min: 26 (35) 2600

SAE [ ] BHP [ ] DIN [ ] PTO [ ] ? [X]

Max. torque: Nm at RPM / Couple maxi: Nm à tr/mn / Maximales Drehmoment: Nm bei U/min: ? /

No. of cylinders / Nbre de cylindres / Anzahl der Zylinder: 3

Capacity / Cylindrée / Hubraum cm^3: 1702

Cooling system / Refroidissement / Kühlung: air / à air / Luft [ ] water / à eau / Wasser [X] ? [ ]

Fuel / Carburant / Kraftstoff: diesel / diesel / Diesel [X] gasoline / essence / Benzin [ ] ? [ ]

Start / Démarrage / Start: by hand / manuel / von Hand [ ] electrical / électrique / elektrisch [X] ? [ ]

Clutch/Embrayage/Kupplung

Disc(s) / Disque(s) / Scheibe(n) [1] belt / courroie / Riemen [ ] hydraulic / hydraulique / hydraulisch [ ] ? [ ]

Transmission/Ensemble mécanique/Getriebe

No. of gears forward/reverse / Nombre de vitesses AV/AR / Gänge vor-/rückwärts: 8 / 6

speed min.-max., forward/reverse / vitesse min.-max., AV/AR / Geschwindigkeit min.-max., vor-/rückwärts km/h: 8 – 20 / 2 – 14

Tire size/Pneumatiques/Bereifung

front / avant / vorn: 8 × 16 rear / arrière / hinten: 12.4 / 11 × 28

differential lock / blocage différentiel / Differentialsperre: yes / oui / ja [X] no / non / nein [ ] ? [ ]

Implement attachment/Attelage/Geräteanbau

3-point-hitch / 3 points / Dreipunkt [X] category / catégorie / Kategorie: 1 / special frame / construct. spéciale / Sonderkonstruktion [ ]

by hand / manuel / von Hand [ ] hydraulic / hydraulique / hydraulisch [X] lifting capacity / force de levage / Hubkraft daN: 1800

Power take-off/Prise(s) de force/Zapfwelle

rear / arrière / hinten [1] middle / ventrale / mittig [ ] front / avant / vorn [ ]

600 – 1130 RPM tr/mn U/min

Dimensions/Encombrement/Maße und Gewichte

Width / Largeur mm / Breite: 1470 ground clearance / garde au sol mm / Bodenfreiheit: 350 wheel base / empattement mm / Radstand: 1800

turning circle / cercle de braquage ∅ mm / Wendekreis: ? wheel track / voie mm / Spurweite: ? -

weight / poids à vide kg / Leergewicht: 1637 payload (if platform) / charge utile du plateau kg / Nutzlast bei Plattform:

Safety frame/arceau de protection/Sicherheitsbügel

yes / oui / ja [✱] no / non / nein [ ]

Options/Equipement optionnel/Zubehör

Weights / Masses / Ballastgewicht [ ] sun canopy / toit pare-soleil / Sonnendach [X] cabin / cabine / Kabine [ ]

belt pulley / poulie / Riemenscheibe [ ] crank handle / manivelle / Handkurbel [ ]

Manufacturer offers/Gamme de production du fabricant/Hersteller bietet an

1 similar model(s) / version(s) similaire(s) / Typ(en) gleicher Bauart kW: 16 -

different model(s) / version(s) différente(s) / Typ(en) anderer Bauart kW: -

Remarks/Remarques/Anmerkungen

manufactured in a joint-venture with MITSUBISHI, Japan

[X] or [no.] = standard, ✱ = optional, ? = not known, 1 daN ≙ 1kg, W = dependent pto, B = with brakes
[X] ou [Nombre] = Standard, ✱ = Options, ? = non connu, 1 daN ≙ 1kg, W = P.d.F. proport. à l'avance., B = avec freins
[X] oder [Zahl] = Standard, ✱ = Sonderausstattung, ? = nicht bekannt, 1 daN ≙ 1kg, W = Wegzapfwelle, B = mit Bremse

Country / Pays / Land: **KOREA (D.R.)**

Manufacturer / Fabricant / Hersteller: **KOREA HEAVY INDUSTRIES & CONSTRUCTION CO., LTD**

Model / Type / Typ: **KHIC 300 (4 × 2)**

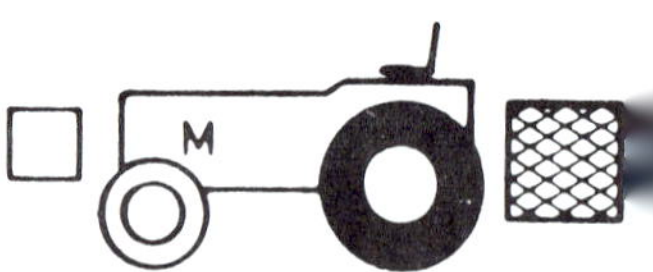

Engine/Moteur/Motor

Power: kW (HP) at RPM / Puissance: kW (CH) à tr/mn / Leistung: kW (PS) bei U/min: 21 (28) 2400

SAE ☐ BHP ☐ DIN ☐ PTO ☐ ? [X]

Max. torque: Nm at RPM / Couple maxi: Nm à tr/mn / Maximales Drehmoment: Nm bei U/min: ? /

No. of cylinders / Nbre de cylindres / Anzahl der Zylinder: 2

Capacity / Cylindrée / Hubraum: ? cm^3

Cooling system / Refroidissement / Kühlung: air / à air / Luft ☐ water / à eau / Wasser [X] ? ☐

Fuel / Carburant / Kraftstoff: diesel / diesel / Diesel [X] gasoline / essence / Benzin ☐ ? ☐

Start / Démarrage / Start: by hand / manuel / von Hand ☐ electrical / électrique / elektrisch [X] ? ☐

Clutch/Embrayage/Kupplung

Disc(s) / Disque(s) / Scheibe(n) ☐ belt / courroie / Riemen ☐ hydraulic / hydraulique / hydraulisch ☐ ? [X]

Transmission/Ensemble mécanique/Getriebe

No. of gears forward/reverse / Nombre de vitesses AV/AR / Gänge vor-/rückwärts: ? / ?

speed min.-max., forward/reverse / vitesse min.-max., AV/AR / Geschwindigkeit min.-max., vor-/rückwärts: –29 / ? km/h

differential lock / blocage différentiel / Differentialsperre: yes / oui / ja ☐ no / non / nein ☐ ? [X]

Tire size/Pneumatiques/Bereifung

front / avant / vorn: ? rear / arrière / hinten: ?

Implement attachment/Attelage/Geräteanbau

3-point-hitch / 3 points / Dreipunkt ☐ category / catégorie / Kategorie: / special frame / construct. spéciale / Sonderkonstruktion ☐

by hand / manuel / von Hand ☐ hydraulic / hydraulique / hydraulisch ☐ lifting capacity / force de levage / Hubkraft: daN

Power take-off/Prise(s) de force/Zapfwelle

rear / arrière / hinten ☐ middle / ventrale / mittig ☐ front / avant / vorn ☐

RPM tr/mn U/min

Dimensions/Encombrement/Maße und Gewichte

Width / Largeur / Breite: 1430 mm

ground clearance / garde au sol / Bodenfreiheit: 520 mm

wheel base / empattement / Radstand: ? mm

turning circle / cercle de braquage / Wendekreis: ? ∅ mm

wheel track / voie / Spurweite: ? - mm

weight / poids à vide / Leergewicht: 1400 kg

payload (if platform) / charge utile du plateau / Nutzlast bei Plattform: kg

Safety frame/arceau de protection/Sicherheitsbügel

yes / oui / ja [*] no / non / nein ☐

Options/Equipement optionnel/Zubehör

Weights / Masses / Ballastgewicht ☐ sun canopy / toit pare-soleil / Sonnendach [*] cabin / cabine / Kabine ☐

belt pulley / poulie / Riemenscheibe ☐ crank handle / manivelle / Handkurbel ☐

Manufacturer offers/Gamme de production du fabricant/Hersteller bietet an

similar model(s) / version(s) similaire(s) / Typ(en) gleicher Bauart: - kW

different model(s) / version(s) différente(s) / Typ(en) anderer Bauart: - kW

Remarks/Remarques/Anmerkungen

manufactured by FIAT, Italy

[X] or [no.] = standard, ✱ = optional, ? = not known, 1 daN ≙ 1kg, W = dependent pto, B = with brakes
[X] ou [Nombre] = Standard, ✱ = Options, ? = non connu, 1 daN ≙ 1kg, W = P.d.F. proport. à l'avance., B = avec freins
[X] oder [Zahl] = Standard, ✱ = Sonderausstattung, ? = nicht bekannt, 1 daN ≙ 1kg, W = Wegzapfwelle, B = mit Bremse

Country / Pays / Land: **KOREA (D.R.)**

Manufacturer / Fabricant / Hersteller: **KUKJE MACHINERY Co., LTD**

Model / Type / Typ: **KTE 330 (4 × 2)**, **KTE 330 D (4 × 4)***

Engine/Moteur/Motor

Power: kW (HP) at RPM / Puissance: kW (CH) à tr/mn / Leistung: kW (PS) bei U/min: 24 (33) 2600

SAE ☐ BHP ☐ DIN ☐ PTO ☐ ? [X]

Max. torque: Nm at RPM / Couple maxi: Nm à tr/mn / Maximales Drehmoment: Nm bei U/min: ? /

No. of cylinders / Nbre de cylindres / Anzahl der Zylinder: 3

Capacity / Cylindrée / Hubraum: 1717 cm³

Cooling system / Refroidissement / Kühlung: air / à air / Luft ☐ water / à eau / Wasser [X] ? ☐

Fuel / Carburant / Kraftstoff: diesel / diesel / Diesel [X] gasoline / essence / Benzin ☐ ? ☐

Start / Démarrage / Start: by hand / manuel / von Hand ☐ electrical / électrique / elektrisch [X] ? ☐

Clutch/Embrayage/Kupplung

Disc(s) / Disque(s) / Scheibe(n): 1 — belt / courroie / Riemen ☐ — hydraulic / hydraulique / hydraulisch ☐ — ? ☐

Transmission/Ensemble mécanique/Getriebe

No. of gears forward/reverse / Nombre de vitesses AV/AR / Gänge vor-/rückwärts: 9 / 2

speed min.-max., forward/reverse / vitesse min.-max., AV/AR / Geschwindigkeit min.-max., vor-/rückwärts: 2 – 19 / 3 – 10 km/h

Tire size/Pneumatiques/Bereifung

front / avant / vorn: 5.5 × 16 — rear / arrière / hinten: 12.4 × 26

differential lock / blocage différentiel / Differentialsperre: yes / oui / ja ☐ no / non / nein ☐ ? [X]

Implement attachment/Attelage/Geräteanbau

3-point-hitch / 3 points / Dreipunkt [X] — category / catégorie / Kategorie: 1 / — special frame / construct. spéciale / Sonderkonstruktion ☐

by hand / manuel / von Hand ☐ — hydraulic / hydraulique / hydraulisch [X] — lifting capacity / force de levage / Hubkraft: 1300 daN

Power take-off/Prise(s) de force/Zapfwelle

rear / arrière / hinten: 1 — middle / ventrale / mittig ☐ — front / avant / vorn ☐

542 – 1268 RPM tr/mn U/min

Dimensions/Encombrement/Maße und Gewichte

Width / Largeur mm / Breite: 1460 — ground clearance / garde au sol mm / Bodenfreiheit: 370 — wheel base / empattement mm / Radstand: 1750

turning circle / cercle de braquage ∅ mm / Wendekreis: ? — wheel track / voie mm / Spurweite: 1150 - 1550

weight / poids à vide kg / Leergewicht: 1160 — payload (if platform) / charge utile du plateau kg / Nutzlast bei Plattform:

Safety frame/arceau de protection/Sicherheitsbügel

yes / oui / ja [*] — no / non / nein ☐

Options/Equipement optionnel/Zubehör

Weights / Masses / Ballastgewicht ☐ — sun canopy / toit pare-soleil / Sonnendach [*] — cabin / cabine / Kabine ☐

belt pulley / poulie / Riemenscheibe ☐ — crank handle / manivelle / Handkurbel ☐

Manufacturer offers/Gamme de production du fabricant/Hersteller bietet an

2 similar model(s) / version(s) similaire(s) / Typ(en) gleicher Bauart: 17 - 26 kW

different model(s) / version(s) différente(s) / Typ(en) anderer Bauart: - kW

Remarks/Remarques/Anmerkungen

[X] or [no.] = standard, * = optional, ? = not known, 1 daN ≙ 1kg, W = dependent pto, B = with brakes
[X] ou [Nombre] = Standard, * = Options, ? = non connu, 1 daN ≙ 1kg, W = P.d.F. proport. à l'avance., B = avec freins
[X] oder [Zahl] = Standard, * = Sonderausstattung, ? = nicht bekannt, 1 daN ≙ 1kg, W = Wegzapfwelle, B = mit Bremse

Country / Pays / Land	**KOREA (D.R.)**
Manufacturer / Fabricant / Hersteller	**TONG YANG MOOLSAN CO., LTD**
Model / Type / Typ	**TC 2140 (4 × 4)**

Engine/Moteur/Motor

Power: kW (HP) at RPM / Puissance: kW (CH) à tr/mn / Leistung: kW (PS) bei U/min: 16 (21) 2600

SAE ☐ BHP ☐ DIN ☐ PTO ☐ ? [X]

Max. torque: Nm at RPM / Couple maxi: Nm à tr/mn / Maximales Drehmoment: Nm bei U/min: ? /

No. of cylinders / Nbre de cylindres / Anzahl der Zylinder: 3

Capacity / Cylindrée / Hubraum cm^3: 1170

Cooling system / Refroidissement / Kühlung: air / à air / Luft ☐ water / à eau / Wasser [X] ? ☐

Fuel / Carburant / Kraftstoff: diesel / diesel / Diesel [X] gasoline / essence / Benzin ☐ ? ☐

Start / Démarrage / Start: by hand / manuel / von Hand ☐ electrical / électrique / elektrisch [X] ? ☐

Clutch/Embrayage/Kupplung

Disc(s) / Disque(s) / Scheibe(n): 1 belt / courroie / Riemen ☐ hydraulic / hydraulique / hydraulisch ☐ ? ☐

Transmission/Ensemble mécanique/Getriebe

No. of gears forward/reverse / Nombre de vitesses AV/AR / Gänge vor-/rückwärts: 12 / 4

speed min.-max., forward/reverse / vitesse min.-max., AV/AR / Geschwindigkeit min.-max., vor-/rückwärts km/h: – 20 / ?

differential lock / blocage différentiel / Differentialsperre: yes / oui / ja [X] no / non / nein ☐ ? ☐

Tire size/Pneumatiques/Bereifung

front / avant / vorn: 6 × 14 rear / arrière / hinten: 9,5 × 22

Implement attachment/Attelage/Geräteanbau

3-point-hitch / 3 points / Dreipunkt [X] category / catégorie / Kategorie: 1 / special frame / construct. spéciale / Sonderkonstruktion ☐

by hand / manuel / von Hand ☐ hydraulic / hydraulique / hydraulisch [X] lifting capacity / force de levage / Hubkraft daN: ?

Power take-off/Prise(s) de force/Zapfwelle

rear / arrière / hinten: 1 middle / ventrale / mittig ☐ front / avant / vorn ☐

RPM / tr/mn / U/min: 553–1280

Dimensions/Encombrement/Maße und Gewichte

Width / Largeur mm / Breite: 1240 ground clearance / garde au sol mm / Bodenfreiheit: 270 wheel base / empattement mm / Radstand: 1480

turning circle / cercle de braquage ∅ mm / Wendekreis: 3900 B wheel track / voie mm / Spurweite: ? -

weight / poids à vide kg / Leergewicht: 975 payload (if platform) / charge utile du plateau kg / Nutzlast bei Plattform:

Safety frame/arceau de protection/Sicherheitsbügel

yes / oui / ja * no / non / nein ☐

Options/Equipement optionnel/Zubehör

Weights / Masses / Ballastgewicht ☐ sun canopy / toit pare-soleil / Sonnendach ☐ cabin / cabine / Kabine ☐

belt pulley / poulie / Riemenscheibe ☐ crank handle / manivelle / Handkurbel ☐

Manufacturer offers/Gamme de production du fabricant/Hersteller bietet an

similar model(s) / version(s) similaire(s) / Typ(en) gleicher Bauart kW: -

different model(s) / version(s) différente(s) / Typ(en) anderer Bauart kW: -

Remarks/Remarques/Anmerkungen

manufactured in a joint-venture with ISEKI, Japan

[X] or [no.] = standard, * = optional, ? = not known, 1 daN ≙ 1kg, W = dependent pto, B = with brakes
[X] ou [Nombre] = Standard, * = Options, ? = non connu, 1 daN ≙ 1kg, W = P.d.F. proport. à l'avance., B = avec freins
[X] oder [Zahl] = Standard, * = Sonderausstattung, ? = nicht bekannt, 1 daN ≙ 1kg, W = Wegzapfwelle, B = mit Bremse

Country / Pays / Land	NETHERLANDS
Manufacturer / Fabricant / Hersteller	EERSTE NEDERLANDSE TRACTOR INDUSTRIE (ENTI)
Model / Type / Typ	2200 (4 × 2)

Engine/Moteur/Motor

Power: kW (HP) at RPM / Puissance: kW (CH) à tr/mn / Leistung: kW (PS) bei U/min: 15 (20) 3000

SAE [ ] BHP [ ] DIN [X] PTO [ ] ? [ ]

Max. torque: Nm at RPM / Couple maxi: Nm à tr/mn / Maximales Drehmoment: Nm bei U/min: ? /

No. of cylinders / Nbre de cylindres / Anzahl der Zylinder: 2

Capacity / Cylindrée / Hubraum: 866 cm^3

Cooling system / Refroidissement / Kühlung: air / à air / Luft [X] water / à eau / Wasser [ ] ? [ ]

Fuel / Carburant / Kraftstoff: diesel / diesel / Diesel [X] gasoline / essence / Benzin [ ] ? [ ]

Start / Démarrage / Start: by hand / manuel / von Hand [ ] electrical / électrique / elektrisch [X] ? [ ]

Clutch/Embrayage/Kupplung

Disc(s) / Disque(s) / Scheibe(n) [ ] belt / courroie / Riemen [ ] hydraulic / hydraulique / hydraulisch [X] ? [ ]

Transmission/Ensemble mécanique/Getriebe

No. of gears forward/reverse / Nombre de vitesses AV/AR / Gänge vor-/rückwärts: /

speed min.-max., forward/reverse / vitesse min.-max., AV/AR / Geschwindigkeit min.-max., vor-/rückwärts: – 18 / km/h

differential lock / blocage différentiel / Differentialsperre: yes / oui / ja [X] no / non / nein [ ] ? [ ]

Tire size/Pneumatiques/Bereifung

front / avant / vorn: 5.5 × 15 rear / arrière / hinten: 8 × 24

Implement attachment/Attelage/Geräteanbau

3-point-hitch / 3 points / Dreipunkt [2] category / catégorie / Kategorie: 1 / special frame / construct. spéciale / Sonderkonstruktion [ ]

by hand / manuel / von Hand [ ] hydraulic / hydraulique / hydraulisch [X] lifting capacity / force de levage / Hubkraft: 950/1150 daN

Power take-off/Prise(s) de force/Zapfwelle

rear / arrière / hinten [2] middle / ventrale / mittig [1] front / avant / vorn [*]

RPM / tr/mn / U/min: rear 540, 540; middle 540; front 540

Dimensions/Encombrement/Maße und Gewichte

Width / Largeur / Breite: ? mm; ground clearance / garde au sol / Bodenfreiheit: 380 mm; wheel base / empattement / Radstand: ? mm

turning circle / cercle de braquage / Wendekreis: 10800 ∅ mm; wheel track / voie / Spurweite: 1200 - 1500 mm

weight / poids à vide / Leergewicht: 750 kg; payload (if platform) / charge utile du plateau / Nutzlast bei Plattform: kg

Safety frame/arceau de protection/Sicherheitsbügel

yes / oui / ja [X] no / non / nein [ ]

Options/Equipement optionnel/Zubehör

Weights / Masses / Ballastgewicht [*] sun canopy / toit pare-soleil / Sonnendach [ ] cabin / cabine / Kabine [*]

belt pulley / poulie / Riemenscheibe [*] crank handle / manivelle / Handkurbel [ ]

Manufacturer offers/Gamme de production du fabricant/Hersteller bietet an

2 similar model(s) / version(s) similaire(s) / Typ(en) gleicher Bauart: 19 - 26 kW

different model(s) / version(s) différente(s) / Typ(en) anderer Bauart: - kW

Remarks/Remarques/Anmerkungen

....

[X] or [no.] = standard, * = optional, ? = not known, 1 daN ≘ 1kg, W = dependent pto, B = with brakes
[X] ou [Nombre] = Standard, * = Options, ? = non connu, 1 daN ≘ 1kg, W = P.d.F. proport. à l'avance., B = avec freins
[X] oder [Zahl] = Standard, * = Sonderausstattung, ? = nicht bekannt, 1 daN ≘ 1kg, W = Wegzapfwelle, B = mit Bremse

Country / Pays / Land: **ROMANIA**

Manufacturer / Fabricant / Hersteller: **UNIVERSAL TRACTOR (UTB)**

Model / Type / Typ: **302 (4 × 2)**, **302 DTCF (4 × 4)***

Engine/Moteur/Motor

Power: kW (HP) at RPM / Puissance: kW (CH) à tr/mn / Leistung: kW (PS) bei U/min: 20 (27) 2400

SAE ☐ BHP ☐ DIN [X] PTO ☐ ? ☐

Max. torque: Nm at RPM / Couple maxi: Nm à tr/mn / Maximales Drehmoment: Nm bei U/min: 87 / 1400

No. of cylinders / Nbre de cylindres / Anzahl der Zylinder: 2

Capacity / Cylindrée / Hubraum: 1560 cm^3

Cooling system / Refroidissement / Kühlung: air / à air / Luft ☐ water / à eau / Wasser [X] ? ☐

Fuel / Carburant / Kraftstoff: diesel / diesel / Diesel [X] gasoline / essence / Benzin ☐ ? ☐

Start / Démarrage / Start: by hand / manuel / von Hand ☐ electrical / électrique / elektrisch [X] ? ☐

Clutch/Embrayage/Kupplung

Disc(s) / Disque(s) / Scheibe(n): 2 belt / courroie / Riemen ☐ hydraulic / hydraulique / hydraulisch ☐ ? ☐

Transmission/Ensemble mécanique/Getriebe

No. of gears forward/reverse / Nombre de vitesses AV/AR / Gänge vor-/rückwärts: 6 / 2

speed min.-max., forward/reverse / vitesse min.-max., AV/AR / Geschwindigkeit min.-max., vor-/rückwärts: 2–22 / 3–11 km/h

differential lock / blocage différentiel / Differentialsperre: yes / oui / ja [X] no / non / nein ☐ ? ☐

Tire size/Pneumatiques/Bereifung

front / avant / vorn: 5/3 × 15 rear / arrière / hinten: 11.2/10 × 28

Implement attachment/Attelage/Geräteanbau

3-point-hitch / 3 points / Dreipunkt [X] category / catégorie / Kategorie: 1 / special frame / construct. spéciale / Sonderkonstruktion ☐

by hand / manuel / von Hand ☐ hydraulic / hydraulique / hydraulisch [X] lifting capacity / force de levage / Hubkraft: 1177 daN

Power take-off/Prise(s) de force/Zapfwelle

rear / arrière / hinten: 1 middle / ventrale / mittig ☐ front / avant / vorn ☐

540, 659+W* RPM tr/mn U/min

Dimensions/Encombrement/Maße und Gewichte

Width / Largeur / Breite: ? mm ground clearance / garde au sol / Bodenfreiheit: 320 mm wheel base / empattement / Radstand: 1800 mm

turning circle / cercle de braquage / Wendekreis: 5400 B ∅ mm wheel track / voie / Spurweite: 1200 - 1900 mm

weight / poids à vide / Leergewicht: 1660 kg payload (if platform) / charge utile du plateau / Nutzlast bei Plattform: kg

Safety frame/arceau de protection/Sicherheitsbügel

yes / oui / ja [*] no / non / nein ☐

Options/Equipement optionnel/Zubehör

Weights / Masses / Ballastgewicht [*] sun canopy / toit pare-soleil / Sonnendach ☐ cabin / cabine / Kabine ☐

belt pulley / poulie / Riemenscheibe [*] crank handle / manivelle / Handkurbel ☐

Manufacturer offers/Gamme de production du fabricant/Hersteller bietet an

☐ similar model(s) / version(s) similaire(s) / Typ(en) gleicher Bauart: - kW

☐ different model(s) / version(s) différente(s) / Typ(en) anderer Bauart: - kW

Remarks/Remarques/Anmerkungen ....

[X] or [no.] = standard, * = optional, ? = not known, 1 daN ≙ 1kg, W = dependent pto, B = with brakes
[X] ou [Nombre] = Standard, * = Options, ? = non connu, 1 daN ≙ 1kg, W = P.d.F. proport. à l'avance., B = avec freins
[X] oder [Zahl] = Standard, * = Sonderausstattung, ? = nicht bekannt, 1 daN ≙ 1kg, W = Wegzapfwelle, B = mit Bremse

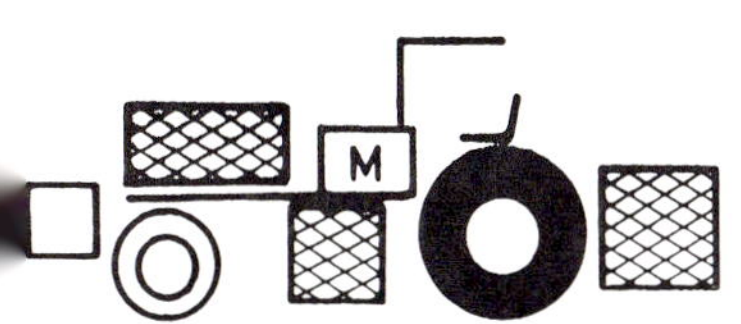

Country Pays Land	**SOVIET UNION**
Manufacturer Fabricant Hersteller	**TRAKTOROEXPORT**
Model Type Typ	**Belarus SCCH-28** (4 × 2) **Belarus SCCH-28 A** (4 × 4)*

Engine/Moteur/Motor

Power: kW (HP) at RPM [22 (30) 2000]
Puissance: kW (CH) à tr/mn
Leistung: kW (PS) bei U/min

SAE ☐ BHP ☐ DIN [X] PTO ☐ ? ☐

Max. torque: Nm at RPM [? /]
Couple maxi: Nm à tr/mn
Maximales Drehmoment: Nm bei U/min

No. of cylinders [2] Capacity [4160]
Nbre de cylindres Cylindrée cm³
Anzahl der Zylinder Hubraum

Cooling system: air [X] water ☐ ? ☐
Refroidissement: à air à eau
Kühlung: Luft Wasser

Fuel: diesel [X] gasoline ☐ ? ☐
Carburant: diesel essence
Kraftstoff: Diesel Benzin

Start: by hand ☐ electrical [X] ? ☐
Démarrage: manuel électrique
Start: von Hand elektrisch

Clutch/Embrayage/Kupplung

Disc(s) [1] belt ☐ hydraulic ☐ ? ☐
Disque(s) courroie hydraulique
Scheibe(n) Riemen hydraulisch

Transmission/Ensemble mécanique/Getriebe

No. of gears forward/reverse [12 / 7]
Nombre de vitesses AV/AR
Gänge vor-/rückwärts

speed min.-max., forward/reverse [1–25 / ?]
vitesse min.-max., AV/AR km/h
Geschwindigkeit min.-max., vor-/rückwärts

Tire size/Pneumatiques/Bereifung

front [6 × 16] rear [9 × 32]
avant arrière
vorn hinten

differential lock: yes ☐ no ☐ ? [X]
blocage différentiel: oui non
Differentialsperre: ja nein

Implement attachment/Attelage/Geräteanbau

3-point-hitch [X] category [/] special frame ☐
3 points catégorie construct. spéciale
Dreipunkt Kategorie Sonderkonstruktion

by hand ☐ hydraulic [X] lifting capacity [?]
manuel hydraulique force de levage daN
von Hand hydraulisch Hubkraft

Power take-off/Prise(s) de force/Zapfwelle

rear [1] middle ☐ front [*]
arrière ventrale avant
hinten mittig vorn

[W] RPM tr/mn U/min [540, 1000]

Dimensions/Encombrement/Maße und Gewichte

Width [1920] ground clearance [?] wheel base [?]
Largeur mm garde au sol mm empattement mm
Breite Bodenfreiheit Radstand

turning circle [?] wheel track [? -]
cercle de braquage ∅ mm voie mm
Wendekreis Spurweite

weight [2175] payload (if platform) [900]
poids à vide kg charge utile du plateau kg
Leergewicht Nutzlast bei Plattform

Safety frame/arceau de protection/Sicherheitsbügel

yes [X] no ☐
oui non
ja nein

Options/Equipement optionnel/Zubehör

Weights ☐ sun canopy ☐ cabin [X]
Masses toit pare-soleil cabine
Ballastgewicht Sonnendach Kabine

belt pulley ☐ crank handle ☐
poulie manivelle
Riemenscheibe Handkurbel

Manufacturer offers/Gamme de production du fabricant/Hersteller bietet an

[1] similar model(s) [18 -] kW
version(s) similaire(s)
Typ(en) gleicher Bauart

[ ] different model(s) [-] kW
version(s) différente(s)
Typ(en) anderer Bauart

Remarks/Remarques/Anmerkungen ....

[X] or [no.] = standard, * = optional, ? = not known, 1 daN ≙ 1kg, W = dependent pto, B = with brakes
[X] ou [Nombre] = Standard, * = Options, ? = non connu, 1 daN ≙ 1kg, W = P.d.F. proport. à l'avance., B = avec freins
[X] oder [Zahl] = Standard, * = Sonderausstattung, ? = nicht bekannt, 1 daN ≙ 1kg, W = Wegzapfwelle, B = mit Bremse

Country / Pays / Land: **SOVIET UNION**

Manufacturer / Fabricant / Hersteller: **TRAKTOROEXPORT**

Model / Type / Typ: **Belarus T 25 A (4 × 2)**

Engine/Moteur/Motor

Power: kW (HP) at RPM / Puissance: kW (CH) à tr/mn / Leistung: kW (PS) bei U/min: 18 (25) 1800

SAE [ ] BHP [ ] DIN [X] PTO [ ] ? [ ]

Max. torque: Nm at RPM / Couple maxi: Nm à tr/mn / Maximales Drehmoment: Nm bei U/min: ? /

No. of cylinders / Nbre de cylindres / Anzahl der Zylinder: 2

Capacity / Cylindrée / Hubraum: 4150 cm^3

Cooling system / Refroidissement / Kühlung: air / à air / Luft [X] water / à eau / Wasser [ ] ? [ ]

Fuel / Carburant / Kraftstoff: diesel / diesel / Diesel [X] gasoline / essence / Benzin [ ] ? [ ]

Start / Démarrage / Start: by hand / manuel / von Hand [ ] electrical / électrique / elektrisch [X] ? [ ]

Clutch/Embrayage/Kupplung

Disc(s) / Disque(s) / Scheibe(n) [1] belt / courroie / Riemen [ ] hydraulic / hydraulique / hydraulisch [ ] ? [ ]

Transmission/Ensemble mécanique/Getriebe

No. of gears forward/reverse / Nombre de vitesses AV/AR / Gänge vor-/rückwärts: 8 / 6

speed min.-max., forward/reverse / vitesse min.-max., AV/AR / Geschwindigkeit min.-max., vor-/rückwärts: 1 – 21 / 5 – 21 km/h

Tire size/Pneumatiques/Bereifung

front / avant / vorn: 6 × 16 rear / arrière / hinten: 9.5 × 32

differential lock / blocage différentiel / Differentialsperre: yes / oui / ja [X] no / non / nein [ ] ? [ ]

Implement attachment/Attelage/Geräteanbau

3-point-hitch / 3 points / Dreipunkt [X] category / catégorie / Kategorie: 2 / special frame / construct. spéciale / Sonderkonstruktion [ ]

by hand / manuel / von Hand [ ] hydraulic / hydraulique / hydraulisch [X] lifting capacity / force de levage / Hubkraft: [ ] daN

Power take-off/Prise(s) de force/Zapfwelle

rear / arrière / hinten [1] middle / ventrale / mittig [ ] front / avant / vorn [ ]

? RPM tr/mn U/min

Dimensions/Encombrement/Maße und Gewichte

Width / Largeur / Breite: 1472 mm ground clearance / garde au sol / Bodenfreiheit: 634 mm wheel base / empattement / Radstand: 1630 mm

turning circle / cercle de braquage / Wendekreis: ? ∅ mm wheel track / voie / Spurweite: 1200 - mm

weight / poids à vide / Leergewicht: 1680 kg payload (if platform) / charge utile du plateau / Nutzlast bei Plattform: [ ] kg

Safety frame/arceau de protection/Sicherheitsbügel

yes / oui / ja [X] no / non / nein [ ]

Options/Equipement optionnel/Zubehör

Weights / Masses / Ballastgewicht [X] sun canopy / toit pare-soleil / Sonnendach [ ] cabin / cabine / Kabine [X]

belt pulley / poulie / Riemenscheibe [X] crank handle / manivelle / Handkurbel [ ]

Manufacturer offers/Gamme de production du fabricant/Hersteller bietet an

1 similar model(s) / version(s) similaire(s) / Typ(en) gleicher Bauart: 22 - kW

[ ] different model(s) / version(s) différente(s) / Typ(en) anderer Bauart: - kW

Remarks/Remarques/Anmerkungen ....

[X] or [no.] = standard, * = optional, ? = not known, 1 daN ≙ 1kg, W = dependent pto, B = with brakes
[X] ou [Nombre] = Standard, * = Options, ? = non connu, 1 daN ≙ 1kg, W = P.d.F. proport. à l'avance., B = avec freins
[X] oder [Zahl] = Standard, * = Sonderausstattung, ? = nicht bekannt, 1 daN ≙ 1kg, W = Wegzapfwelle, B = mit Bremse

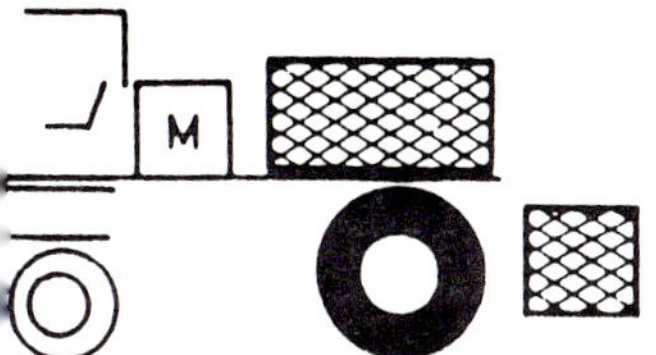

Country / Pays / Land	**SWAZILAND**
Manufacturer / Fabricant / Hersteller	**ISICO (PTY) LTD**
Model / Type / Typ	**Tinkabi AG 3124 (4 × 2)**

Engine/Moteur/Motor

Power: kW (HP) at RPM / Puissance: kW (CH) à tr/mn / Leistung: kW (PS) bei U/min: 31 (42) 2000

SAE ☐ BHP ☐ DIN ☐ PTO ☐ ? [X]

Max. torque: Nm at RPM / Couple maxi: Nm à tr/mn / Maximales Drehmoment: Nm bei U/min: ? /

No. of cylinders / Nbre de cylindres / Anzahl der Zylinder: 3

Capacity / Cylindrée / Hubraum cm^3: ?

Cooling system / Refroidissement / Kühlung: air / à air / Luft ☐ water / à eau / Wasser [X] ? ☐

Fuel / Carburant / Kraftstoff: diesel / diesel / Diesel [X] gasoline / essence / Benzin ☐ ? ☐

Start / Démarrage / Start: by hand / manuel / von Hand ☐ electrical / électrique / elektrisch [X] ? ☐

Clutch/Embrayage/Kupplung

Disc(s) / Disque(s) / Scheibe(n) ☐ belt / courroie / Riemen ☐ hydraulic / hydraulique / hydraulisch [X] ? ☐

Transmission/Ensemble mécanique/Getriebe

No. of gears forward/reverse / Nombre de vitesses AV/AR / Gänge vor-/rückwärts: hydr

speed min.-max., forward/reverse / vitesse min.-max., AV/AR / Geschwindigkeit min.-max., vor-/rückwärts km/h: 0–20 / 0–20

differential lock / blocage différentiel / Differentialsperre: yes / oui / ja ☐ no / non / nein [X] ? ☐

Tire size/Pneumatiques/Bereifung

front / avant / vorn: 6 × 16 rear / arrière / hinten: 12.4/10 × 24

Implement attachment/Attelage/Geräteanbau

3-point-hitch / 3 points / Dreipunkt [X] category / catégorie / Kategorie: 1 / special frame / construct. spéciale / Sonderkonstruktion ☐

by hand / manuel / von Hand ☐ hydraulic / hydraulique / hydraulisch [X] lifting capacity / force de levage / Hubkraft daN: 1300

Power take-off/Prise(s) de force/Zapfwelle

rear / arrière / hinten ☐ middle / ventrale / mittig ☐ front / avant / vorn ☐

RPM tr/mn U/min

Dimensions/Encombrement/Maße und Gewichte

Width / Largeur mm / Breite: 2100 ground clearance / garde au sol / Bodenfreiheit mm: 600 wheel base / empattement mm / Radstand: ?

turning circle / cercle de braquage / Wendekreis ∅ mm: 11600 wheel track / voie / Spurweite mm: 1890 -

weight / poids à vide / Leergewicht kg: 1700 payload (if platform) / charge utile du plateau / Nutzlast bei Plattform kg: 1000

Safety frame/arceau de protection/Sicherheitsbügel

yes / oui / ja ☐ no / non / nein [X]

Options/Equipement optionnel/Zubehör

Weights / Masses / Ballastgewicht ☐ sun canopy / toit pare-soleil / Sonnendach [X] cabin / cabine / Kabine ☐

belt pulley / poulie / Riemenscheibe [X] crank handle / manivelle / Handkurbel ☐

Manufacturer offers/Gamme de production du fabricant/Hersteller bietet an

☐ similar model(s) / version(s) similaire(s) / Typ(en) gleicher Bauart kW: -

☐ different model(s) / version(s) différente(s) / Typ(en) anderer Bauart kW: -

Remarks/Remarques/Anmerkungen

....

[X] or [no.] = standard, ✱ = optional, ? = not known, 1 daN ≙ 1kg, W = dependent pto, B = with brakes
[X] ou [Nombre] = Standard, ✱ = Options, ? = non connu, 1 daN ≙ 1kg, W = P.d.F. proport. à l'avance., B = avec freins
[X] oder [Zahl] = Standard, ✱ = Sonderausstattung, ? = nicht bekannt, 1 daN ≙ 1kg, W = Wegzapfwelle, B = mit Bremse

Country / Pays / Land: **THAILAND**

Manufacturer / Fabricant / Hersteller: **AYUDHAYA TRACTOR CO., LTD**

Model / Type / Typ: **A.T. 1800 A (4 × 2)**

Engine/Moteur/Motor

Power: kW (HP) at RPM / Puissance: kW (CH) à tr/mn / Leistung: kW (PS) bei U/min: 13 (18) ?

SAE ☐ BHP ☐ DIN ☐ PTO ☐ ? ☒

Max. torque: Nm at RPM / Couple maxi: Nm à tr/mn / Maximales Drehmoment: Nm bei U/min: ? /

No. of cylinders / Nbre de cylindres / Anzahl der Zylinder: ?

Capacity / Cylindrée / Hubraum: ? cm^3

Cooling system / Refroidissement / Kühlung: air / à air / Luft ☐ water / à eau / Wasser ☐ ? ☒

Fuel / Carburant / Kraftstoff: diesel / diesel / Diesel ☐ gasoline / essence / Benzin ☐ ? ☒

Start / Démarrage / Start: by hand / manuel / von Hand ☐ electrical / électrique / elektrisch ☐ ? ☒

Clutch/Embrayage/Kupplung

Disc(s) / Disque(s) / Scheibe(n) ☐ belt / courroie / Riemen ☒ hydraulic / hydraulique / hydraulisch ☐ ? ☐

Transmission/Ensemble mécanique/Getriebe

No. of gears forward/reverse / Nombre de vitesses AV/AR / Gänge vor-/rückwärts: 2 / 1

speed min.-max., forward/reverse / vitesse min.-max., AV/AR / Geschwindigkeit min.-max., vor-/rückwärts: 10 – 28 / 9 km/h

differential lock / blocage différentiel / Differentialsperre: yes / oui / ja ☐ no / non / nein ☐ ? ☒

Tire size/Pneumatiques/Bereifung

front / avant / vorn: 5.5 × 13 rear / arrière / hinten: 9 × 20

Implement attachment/Attelage/Geräteanbau

3-point-hitch / 3 points / Dreipunkt ☐ category / catégorie / Kategorie: / special frame / construct. spéciale / Sonderkonstruktion ☐

by hand / manuel / von Hand ☐ hydraulic / hydraulique / hydraulisch ☒ lifting capacity / force de levage / Hubkraft: ? daN

Power take-off/Prise(s) de force/Zapfwelle

rear / arrière / hinten ☐ middle / ventrale / mittig ☐ front / avant / vorn ☐

RPM tr/mn U/min

Dimensions/Encombrement/Maße und Gewichte

Width / Largeur / Breite: 1462 mm ground clearance / garde au sol / Bodenfreiheit: 360 mm wheel base / empattement / Radstand: 1495 mm

turning circle / cercle de braquage / Wendekreis: 5600 ∅ mm wheel track / voie / Spurweite: 1140 - mm

weight / poids à vide / Leergewicht: 1000 kg payload (if platform) / charge utile du plateau / Nutzlast bei Plattform: kg

Safety frame/arceau de protection/Sicherheitsbügel

yes / oui / ja ☐ no / non / nein ☒

Options/Equipement optionnel/Zubehör

Weights / Masses / Ballastgewicht ☐ sun canopy / toit pare-soleil / Sonnendach ☐ cabin / cabine / Kabine ☐

belt pulley / poulie / Riemenscheibe ☐ crank handle / manivelle / Handkurbel ☐

Manufacturer offers/Gamme de production du fabricant/Hersteller bietet an

1 similar model(s) / version(s) similaire(s) / Typ(en) gleicher Bauart: 13 - kW

different model(s) / version(s) différente(s) / Typ(en) anderer Bauart: - kW

Remarks/Remarques/Anmerkungen

....

☒ or no. = standard, * = optional, ? = not known, 1 daN ≙ 1kg, W = dependent pto, B = with brakes
☒ ou Nombre = Standard, * = Options, ? = non connu, 1 daN ≙ 1kg, W = P.d.F. proport. à l'avance., B = avec freins
☒ oder Zahl = Standard, * = Sonderausstattung, ? = nicht bekannt, 1 daN ≙ 1kg, W = Wegzapfwelle, B = mit Bremse

Country / Pays / Land: **THAILAND**

Manufacturer / Fabricant / Hersteller: **J. CHAROENCHAI TRACTOR**

Model / Type / Typ: **JCT 0101 (4 × 2)**

Engine/Moteur/Motor

Power: kW (HP) at RPM / Puissance: kW (CH) à tr/mn / Leistung: kW (PS) bei U/min: 9 – 15 (10 – 20) ?

SAE [ ] BHP [ ] DIN [ ] PTO [ ] ? [X]

Max. torque: Nm at RPM / Couple maxi: Nm à tr/mn / Maximales Drehmoment: Nm bei U/min: ? /

No. of cylinders / Nbre de cylindres / Anzahl der Zylinder: 1

Capacity / Cylindrée / Hubraum: ? cm^3

Cooling system / Refroidissement / Kühlung: air / à air / Luft [ ] water / à eau / Wasser [X] ? [ ]

Fuel / Carburant / Kraftstoff: diesel / diesel / Diesel [X] gasoline / essence / Benzin [ ] ? [ ]

Start / Démarrage / Start: by hand / manuel / von Hand [X] electrical / électrique / elektrisch [ ] ? [ ]

Clutch/Embrayage/Kupplung

Disc(s) / Disque(s) / Scheibe(n) [1] belt / courroie / Riemen [ ] hydraulic / hydraulique / hydraulisch [ ] ? [ ]

Transmission/Ensemble mécanique/Getriebe

No. of gears forward/reverse / Nombre de vitesses AV/AR / Gänge vor-/rückwärts: 2 / 1

speed min.-max., forward/reverse / vitesse min.-max., AV/AR / Geschwindigkeit min.-max., vor-/rückwärts: 7; 20 / 8 km/h

differential lock / blocage différentiel / Differentialsperre: yes / oui / ja [ ] no / non / nein [ ] ? [X]

Tire size/Pneumatiques/Bereifung

front / avant / vorn: 5.6 × 13 rear / arrière / hinten: 9 × 20

Implement attachment/Attelage/Geräteanbau

3-point-hitch / 3 points / Dreipunkt [ ] category / catégorie / Kategorie: / special frame / construct. spéciale / Sonderkonstruktion [ ]

by hand / manuel / von Hand [ ] hydraulic / hydraulique / hydraulisch [X] lifting capacity / force de levage / Hubkraft: 300 daN

Power take-off/Prise(s) de force/Zapfwelle

rear / arrière / hinten [ ] middle / ventrale / mittig [ ] front / avant / vorn [ ]

RPM tr/mn U/min:

Dimensions/Encombrement/Maße und Gewichte

Width / Largeur / Breite: 1400 mm; ground clearance / garde au sol / Bodenfreiheit: 320 mm; wheel base / empattement / Radstand: 1450 mm

turning circle / cercle de braquage / Wendekreis: ? ∅ mm; wheel track / voie / Spurweite: 1050 - mm

weight / poids à vide / Leergewicht: 800 kg; payload (if platform) / charge utile du plateau / Nutzlast bei Plattform: kg

Safety frame/arceau de protection/Sicherheitsbügel

yes / oui / ja [ ] no / non / nein [X]

Options/Equipement optionnel/Zubehör

Weights / Masses / Ballastgewicht [ ] sun canopy / toit pare-soleil / Sonnendach [ ] cabin / cabine / Kabine [ ]

belt pulley / poulie / Riemenscheibe [ ] crank handle / manivelle / Handkurbel [ ]

Manufacturer offers/Gamme de production du fabricant/Hersteller bietet an

2 similar model(s) / version(s) similaire(s) / Typ(en) gleicher Bauart: 9 - 15 kW

different model(s) / version(s) différente(s) / Typ(en) anderer Bauart: - kW

Remarks/Remarques/Anmerkungen

different engines available

[X] or [no.] = standard, * = optional, ? = not known, 1 daN ≙ 1kg, W = dependent pto, B = with brakes

[X] ou [Nombre] = Standard, * = Options, ? = non connu, 1 daN ≙ 1kg, W = P.d.F. proport. à l'avance., B = avec freins

[X] oder [Zahl] = Standard, * = Sonderausstattung, ? = nicht bekannt, 1 daN ≙ 1kg, W = Wegzapfwelle, B = mit Bremse

Country / Pays / Land: **THAILAND**

Manufacturer / Fabricant / Hersteller: **J. CHAROENCHAI TRACTOR**

Model / Type / Typ: **JCT 0104 (4 × 2)**

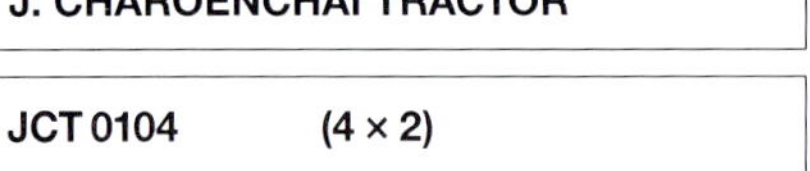

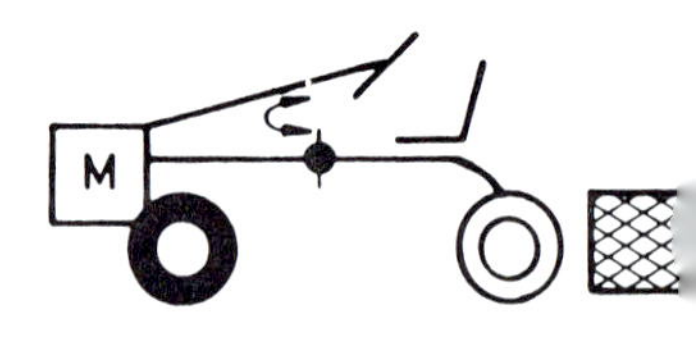

Engine/Moteur/Motor

Power: kW (HP) at RPM / Puissance: kW (CH) à tr/mn / Leistung: kW (PS) bei U/min: 9 – 10 (12 – 14)

SAE ☐ BHP ☐ DIN ☐ PTO ☐ ? ☒

Max. torque: Nm at RPM / Couple maxi: Nm à tr/mn / Maximales Drehmoment: Nm bei U/min: ? /

No. of cylinders / Nbre de cylindres / Anzahl der Zylinder: 1

Capacity / Cylindrée / Hubraum: ? cm³

Cooling system / Refroidissement / Kühlung: air / à air / Luft ☐ water / à eau / Wasser ☐ ? ☒

Fuel / Carburant / Kraftstoff: diesel / diesel / Diesel ☒ gasoline / essence / Benzin ☐ ? ☐

Start / Démarrage / Start: by hand / manuel / von Hand ☒ electrical / électrique / elektrisch ☐ ? ☐

Clutch/Embrayage/Kupplung

Disc(s) / Disque(s) / Scheibe(n) ☐ belt / courroie / Riemen ☒ hydraulic / hydraulique / hydraulisch ☐ ? ☐

Transmission/Ensemble mécanique/Getriebe

No. of gears forward/reverse / Nombre de vitesses AV/AR / Gänge vor-/rückwärts: 2 / 1

speed min.-max., forward/reverse / vitesse min.-max., AV/AR / Geschwindigkeit min.-max., vor-/rückwärts: 7; 20 / 8 km/h

Tire size/Pneumatiques/Bereifung

front / avant / vorn: 9 × 20 rear / arrière / hinten: 5.6 × 13

differential lock / blocage différentiel / Differentialsperre: yes / oui / ja ☐ no / non / nein ☐ ? ☒

Implement attachment/Attelage/Geräteanbau

3-point-hitch / 3 points / Dreipunkt ☐ category / catégorie / Kategorie: / special frame / construct. spéciale / Sonderkonstruktion ☐

by hand / manuel / von Hand ☐ hydraulic / hydraulique / hydraulisch ☐ lifting capacity / force de levage / Hubkraft: daN

Power take-off/Prise(s) de force/Zapfwelle

rear / arrière / hinten ☐ middle / ventrale / mittig ☐ front / avant / vorn ☐

RPM tr/mn U/min

Dimensions/Encombrement/Maße und Gewichte

Width / Largeur / Breite: ? mm ground clearance / garde au sol / Bodenfreiheit: ? mm wheel base / empattement / Radstand: ? mm

turning circle / cercle de braquage / Wendekreis: ? ∅ mm wheel track / voie / Spurweite: 1050 - mm

weight / poids à vide / Leergewicht: ? kg payload (if platform) / charge utile du plateau / Nutzlast bei Plattform: kg

Safety frame/arceau de protection/Sicherheitsbügel

yes / oui / ja ☐ no / non / nein ☒

Options/Equipement optionnel/Zubehör

Weights / Masses / Ballastgewicht ☐ sun canopy / toit pare-soleil / Sonnendach ☐ cabin / cabine / Kabine ☐

belt pulley / poulie / Riemenscheibe ☐ crank handle / manivelle / Handkurbel ☐

Manufacturer offers/Gamme de production du fabricant/Hersteller bietet an

similar model(s) / version(s) similaire(s) / Typ(en) gleicher Bauart: - kW

different model(s) / version(s) différente(s) / Typ(en) anderer Bauart: - kW

Remarks/Remarques/Anmerkungen

different engines available

☒ or [no.] = standard, ✻ = optional, ? = not known, 1 daN ≙ 1kg, W = dependent pto, B = with brakes
☒ ou [Nombre] = Standard, ✻ = Options, ? = non connu, 1 daN ≙ 1kg, W = P.d.F. proport. à l'avance., B = avec freins
☒ oder [Zahl] = Standard, ✻ = Sonderausstattung, ? = nicht bekannt, 1 daN ≙ 1kg, W = Wegzapfwelle, B = mit Bremse

Country / Pays / Land	**THAILAND**
Manufacturer / Fabricant / Hersteller	**J. CHAROENCHAI TRACTOR**
Model / Type / Typ	**JCT 0105 (4 × 2)**

Engine/Moteur/Motor

Power: kW (HP) at RPM / Puissance: kW (CH) à tr/mn / Leistung: kW (PS) bei U/min: 15 (20) ?

SAE ☐ BHP ☐ DIN ☐ PTO ☐ ? ☒

Max. torque: Nm at RPM / Couple maxi: Nm à tr/mn / Maximales Drehmoment: Nm bei U/min: ? /

No. of cylinders / Nbre de cylindres / Anzahl der Zylinder: ?

Capacity / Cylindrée / Hubraum: ? cm^3

Cooling system / Refroidissement / Kühlung: air / à air / Luft ☐ water / à eau / Wasser ☐ ? ☒

Fuel / Carburant / Kraftstoff: diesel / diesel / Diesel ☒ gasoline / essence / Benzin ☐ ? ☐

Start / Démarrage / Start: by hand / manuel / von Hand ☐ electrical / électrique / elektrisch ☒ ? ☐

Clutch/Embrayage/Kupplung

Disc(s) / Disque(s) / Scheibe(n): 1 belt / courroie / Riemen ☐ hydraulic / hydraulique / hydraulisch ☐ ? ☐

Transmission/Ensemble mécanique/Getriebe

No. of gears forward/reverse / Nombre de vitesses AV/AR / Gänge vor-/rückwärts: 4 / 4

speed min.-max., forward/reverse / vitesse min.-max., AV/AR / Geschwindigkeit min.-max., vor-/rückwärts: 5 – 35 / ? km/h

differential lock / blocage différentiel / Differentialsperre: yes / oui / ja ☐ no / non / nein ☐ ? ☒

Tire size/Pneumatiques/Bereifung

front / avant / vorn: 5.6 × 13 rear / arrière / hinten: 9 × 20

Implement attachment/Attelage/Geräteanbau

3-point-hitch / 3 points / Dreipunkt ☐ category / catégorie / Kategorie: / special frame / construct. spéciale / Sonderkonstruktion ☐

by hand / manuel / von Hand ☐ hydraulic / hydraulique / hydraulisch ☒ lifting capacity / force de levage / Hubkraft: 300 daN

Power take-off/Prise(s) de force/Zapfwelle

rear / arrière / hinten ☐ middle / ventrale / mittig ☐ front / avant / vorn ☐

RPM tr/mn U/min

Dimensions/Encombrement/Maße und Gewichte

Width / Largeur mm / Breite: 1400 ground clearance / garde au sol mm / Bodenfreiheit: 320 wheel base / empattement mm / Radstand: 1450

turning circle / cercle de braquage ∅ mm / Wendekreis: ? wheel track / voie mm / Spurweite: 1050 -

weight / poids à vide kg / Leergewicht: 800 payload (if platform) / charge utile du plateau kg / Nutzlast bei Plattform:

Safety frame/arceau de protection/Sicherheitsbügel

yes / oui / ja ☐ no / non / nein ☒

Options/Equipement optionnel/Zubehör

Weights / Masses / Ballastgewicht ☐ sun canopy / toit pare-soleil / Sonnendach ☐ cabin / cabine / Kabine ☐

belt pulley / poulie / Riemenscheibe ☐ crank handle / manivelle / Handkurbel ☐

Manufacturer offers/Gamme de production du fabricant/Hersteller bietet an

similar model(s) / version(s) similaire(s) / Typ(en) gleicher Bauart: - kW

different model(s) / version(s) différente(s) / Typ(en) anderer Bauart: - kW

Remarks/Remarques/Anmerkungen

☒ or no. = standard, ✱ = optional, ? = not known, 1 daN ≙ 1kg, W = dependent pto, B = with brakes
☒ ou Nombre = Standard, ✱ = Options, ? = non connu, 1 daN ≙ 1kg, W = P.d.F. proport. à l'avance., B = avec freins
☒ oder Zahl = Standard, ✱ = Sonderausstattung, ? = nicht bekannt, 1 daN ≙ 1kg, W = Wegzapfwelle, B = mit Bremse

Country / Pays / Land: **THAILAND**

Manufacturer / Fabricant / Hersteller: **TANGTONHUAD AND SONS LTD**

Model / Type / Typ: **T.T.H 79 (4 × 2)**

Engine/Moteur/Motor

Power: kW (HP) at RPM / Puissance: kW (CH) à tr/mn / Leistung: kW (PS) bei U/min: 11 (15) ?

SAE ☐ BHP ☐ DIN ☐ PTO ☐ ? ☒

Max. torque: Nm at RPM / Couple maxi: Nm à tr/mn / Maximales Drehmoment: Nm bei U/min: ? /

No. of cylinders / Nbre de cylindres / Anzahl der Zylinder: ?

Capacity / Cylindrée / Hubraum cm³: ?

Cooling system / Refroidissement / Kühlung: air / à air / Luft ☐ water / à eau / Wasser ☐ ? ☒

Fuel / Carburant / Kraftstoff: diesel / diesel / Diesel ☐ gasoline / essence / Benzin ☐ ? ☒

Start / Démarrage / Start: by hand / manuel / von Hand ☐ electrical / électrique / elektrisch ☐ ? ☒

Clutch/Embrayage/Kupplung

Disc(s) / Disque(s) / Scheibe(n): 1 belt / courroie / Riemen ☐ hydraulic / hydraulique / hydraulisch ☐ ? ☐

Transmission/Ensemble mécanique/Getriebe

No. of gears forward/reverse / Nombre de vitesses AV/AR / Gänge vor-/rückwärts: 3 / 1

speed min.-max., forward/reverse / vitesse min.-max., AV/AR / Geschwindigkeit min.-max., vor-/rückwärts km/h: 7 – 23 / 9

differential lock / blocage différentiel / Differentialsperre: yes / oui / ja ☐ no / non / nein ☐ ? ☒

Tire size/Pneumatiques/Bereifung

front / avant / vorn: 5.6 × 13 rear / arrière / hinten: 9 × 20

Implement attachment/Attelage/Geräteanbau

3-point-hitch / 3 points / Dreipunkt ☐ category / catégorie / Kategorie: / special frame / construct. spéciale / Sonderkonstruktion ☐

by hand / manuel / von Hand ☐ hydraulic / hydraulique / hydraulisch ☒ lifting capacity / force de levage / Hubkraft daN: 250

Power take-off/Prise(s) de force/Zapfwelle

rear / arrière / hinten ☐ middle / ventrale / mittig ☐ front / avant / vorn ☐

RPM tr/mn U/min: —

Dimensions/Encombrement/Maße und Gewichte

Width / Largeur mm / Breite: 1450 ground clearance / garde au sol / Bodenfreiheit mm: 390 wheel base / empattement mm / Radstand: ?

turning circle / cercle de braquage ∅ mm / Wendekreis: ? wheel track / voie / Spurweite mm: 1060 -

weight / poids à vide / Leergewicht kg: 650 payload (if platform) / charge utile du plateau / Nutzlast bei Plattform kg:

Safety frame/arceau de protection/Sicherheitsbügel

yes / oui / ja ☐ no / non / nein ☒

Options/Equipement optionnel/Zubehör

Weights / Masses / Ballastgewicht ☐ sun canopy / toit pare-soleil / Sonnendach ☐ cabin / cabine / Kabine ☐

belt pulley / poulie / Riemenscheibe ☐ crank handle / manivelle / Handkurbel ☐

Manufacturer offers/Gamme de production du fabricant/Hersteller bietet an

similar model(s) / version(s) similaire(s) / Typ(en) gleicher Bauart kW: -

different model(s) / version(s) différente(s) / Typ(en) anderer Bauart kW: -

Remarks/Remarques/Anmerkungen

different engines available

☒ or [no.] = standard, * = optional, ? = not known, 1 daN ≙ 1kg, W = dependent pto, B = with brakes
☒ ou [Nombre] = Standard, * = Options, ? = non connu, 1 daN ≙ 1kg, W = P.d.F. proport. à l'avance., B = avec freins
☒ oder [Zahl] = Standard, * = Sonderausstattung, ? = nicht bekannt, 1 daN ≙ 1kg, W = Wegzapfwelle, B = mit Bremse

Country / Pays / Land	TURKEY
Manufacturer / Fabricant / Hersteller	TÜRKIYE ZIRAI DONATIM KURUMU (TZDK)
Model / Type / Typ	Basak 17 (4 × 2)

Engine/Moteur/Motor

Power: kW (HP) at RPM / Puissance: kW (CH) à tr/mn / Leistung: kW (PS) bei U/min: 13 (17) ?

SAE ☐ BHP ☐ DIN ☐ PTO ☐ ? ☒

Max. torque: Nm at RPM / Couple maxi: Nm à tr/mn / Maximales Drehmoment: Nm bei U/min: ? /

No. of cylinders / Nbre de cylindres / Anzahl der Zylinder: 1

Capacity / Cylindrée / Hubraum cm^3: 817

Cooling system / Refroidissement / Kühlung: air / à air / Luft ☒ water / à eau / Wasser ☐ ? ☐

Fuel / Carburant / Kraftstoff: diesel / diesel / Diesel ☒ gasoline / essence / Benzin ☐ ? ☐

Start / Démarrage / Start: by hand / manuel / von Hand ☐ electrical / électrique / elektrisch ☒ ? ☐

Clutch/Embrayage/Kupplung

Disc(s) / Disque(s) / Scheibe(n) ☒ belt / courroie / Riemen ☐ hydraulic / hydraulique / hydraulisch ☐ ? ☐

Transmission/Ensemble mécanique/Getriebe

No. of gears forward/reverse / Nombre de vitesses AV/AR / Gänge vor-/rückwärts: 4 / 1

speed min.-max., forward/reverse / vitesse min.-max., AV/AR / Geschwindigkeit min.-max., vor-/rückwärts km/h: 3 – 16 / 5

Tire size/Pneumatiques/Bereifung

front / avant / vorn: 4 × 12 rear / arrière / hinten: 7 × 18

differential lock / blocage différentiel / Differentialsperre: yes / oui / ja ☒ no / non / nein ☐ ? ☐

Implement attachment/Attelage/Geräteanbau

3-point-hitch / 3 points / Dreipunkt ☒ category / catégorie / Kategorie: 1 / special frame / construct. spéciale / Sonderkonstruktion ☐

by hand / manuel / von Hand ☐ hydraulic / hydraulique / hydraulisch ☒ lifting capacity / force de levage / Hubkraft daN: 900

Power take-off/Prise(s) de force/Zapfwelle

rear / arrière / hinten: 1 middle / ventrale / mittig ☐ front / avant / vorn ☐

RPM / tr/mn / U/min: 540

Dimensions/Encombrement/Maße und Gewichte

Width / Largeur mm / Breite: 1170 ground clearance / garde au sol mm / Bodenfreiheit: 210 wheel base / empattement mm / Radstand: 1385

turning circle / cercle de braquage ∅ mm / Wendekreis: 800 wheel track / voie mm / Spurweite: 906 - 1006

weight / poids à vide kg / Leergewicht: payload (if platform) / charge utile du plateau kg / Nutzlast bei Plattform:

Safety frame/arceau de protection/Sicherheitsbügel

yes / oui / ja ☐ no / non / nein ☒

Options/Equipement optionnel/Zubehör

Weights / Masses / Ballastgewicht ☐ sun canopy / toit pare-soleil / Sonnendach ☐ cabin / cabine / Kabine ☐

belt pulley / poulie / Riemenscheibe ☐ crank handle / manivelle / Handkurbel ☐

Manufacturer offers/Gamme de production du fabricant/Hersteller bietet an

similar model(s) / version(s) similaire(s) / Typ(en) gleicher Bauart kW: -

different model(s) / version(s) différente(s) / Typ(en) anderer Bauart kW: -

Remarks/Remarques/Anmerkungen

until 1985 the manufacturer offered the Basak 12 with 8 kW

☒ or [no.] = standard, ✱ = optional, ? = not known, 1 daN ≙ 1kg, W = dependent pto, B = with brakes
☒ ou [Nombre] = Standard, ✱ = Options, ? = non connu, 1 daN ≙ 1kg, W = P.d.F. proport. à l'avance., B = avec freins
☒ oder [Zahl] = Standard, ✱ = Sonderausstattung, ? = nicht bekannt, 1 daN ≙ 1kg, W = Wegzapfwelle, B = mit Bremse

Country / Pays / Land: **TURKEY**

Manufacturer / Fabricant / Hersteller: **TÜRKIYE ZIRAI DONATIM KURUMU (TZDK)**

Model / Type / Typ: **Steyr 8033 (4 × 2)**

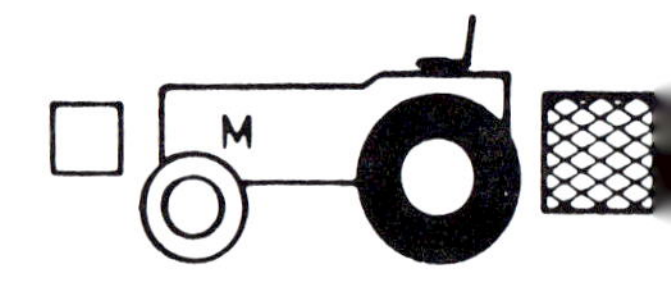

Engine/Moteur/Motor

Power: kW (HP) at RPM / Puissance: kW (CH) à tr/mn / Leistung: kW (PS) bei U/min: 22 (30) 2400

SAE ☐ BHP ☐ DIN ☐ PTO ☐ ? ☒

Max. torque: Nm at RPM / Couple maxi: Nm à tr/mn / Maximales Drehmoment: Nm bei U/min: 180 / 1500

No. of cylinders / Nbre de cylindres / Anzahl der Zylinder: 2

Capacity / Cylindrée / Hubraum: 1571 cm³

Cooling system / Refroidissement / Kühlung: air / à air / Luft ☐ water / à eau / Wasser ☒ ? ☐

Fuel / Carburant / Kraftstoff: diesel / diesel / Diesel ☒ gasoline / essence / Benzin ☐ ? ☐

Start / Démarrage / Start: by hand / manuel / von Hand ☐ electrical / électrique / elektrisch ☒ ? ☐

Clutch/Embrayage/Kupplung

Disc(s) / Disque(s) / Scheibe(n) ☒ belt / courroie / Riemen ☐ hydraulic / hydraulique / hydraulisch ☐ ? ☐

Transmission/Ensemble mécanique/Getriebe

No. of gears forward/reverse / Nombre de vitesses AV/AR / Gänge vor-/rückwärts: 8 / 4

speed min.-max., forward/reverse / vitesse min.-max., AV/AR / Geschwindigkeit min.-max., vor-/rückwärts: 3–22 / 5–21 km/h

differential lock / blocage différentiel / Differentialsperre: yes / oui / ja ☒ no / non / nein ☐ ? ☐

Tire size/Pneumatiques/Bereifung

front / avant / vorn: 6 × 16 rear / arrière / hinten: 11.2/10 × 28

Implement attachment/Attelage/Geräteanbau

3-point-hitch / 3 points / Dreipunkt ☒ category / catégorie / Kategorie: 1 / 2 special frame / construct. spéciale / Sonderkonstruktion ☐

by hand / manuel / von Hand ☐ hydraulic / hydraulique / hydraulisch ☒ lifting capacity / force de levage / Hubkraft: daN

Power take-off/Prise(s) de force/Zapfwelle

rear / arrière / hinten: 1 middle / ventrale / mittig ☐ front / avant / vorn ☐

540 RPM tr/mn U/min

Dimensions/Encombrement/Maße und Gewichte

Width / Largeur mm / Breite: 1660 ground clearance / garde au sol / Bodenfreiheit: 390 mm wheel base / empattement mm / Radstand: 1800

turning circle / cercle de braquage / Wendekreis: ? ∅ mm wheel track / voie / Spurweite: 1250 - mm

weight / poids à vide / Leergewicht: 1784 kg payload (if platform) / charge utile du plateau / Nutzlast bei Plattform: kg

Safety frame/arceau de protection/Sicherheitsbügel

yes / oui / ja ☐ no / non / nein ☒

Options/Equipement optionnel/Zubehör

Weights / Masses / Ballastgewicht ☐ sun canopy / toit pare-soleil / Sonnendach ☐ cabin / cabine / Kabine ☐

belt pulley / poulie / Riemenscheibe ☐ crank handle / manivelle / Handkurbel ☐

Manufacturer offers/Gamme de production du fabricant/Hersteller bietet an

similar model(s) / version(s) similaire(s) / Typ(en) gleicher Bauart: - kW

different model(s) / version(s) différente(s) / Typ(en) anderer Bauart: - kW

Remarks/Remarques/Anmerkungen ....

☒ or no. = standard, ✻ = optional, ? = not known, 1 daN ≙ 1kg, W = dependent pto, B = with brakes
☒ ou Nombre = Standard, ✻ = Options, ? = non connu, 1 daN ≙ 1kg, W = P.d.F. proport. à l'avance., B = avec freins
☒ oder Zahl = Standard, ✻ = Sonderausstattung, ? = nicht bekannt, 1 daN ≙ 1kg, W = Wegzapfwelle, B = mit Bremse

Country / Pays / Land: **UNITED KINGDOM**

Manufacturer / Fabricant / Hersteller: **FORD NEW HOLLAND LTD**

Model / Type / Typ: **1710** (4 × 2) (4 × 4)*

Engine/Moteur/Motor

Power: kW (HP) at RPM / Puissance: kW (CH) à tr/mn / Leistung: kW (PS) bei U/min: 19 (26) 2700

SAE [ ] BHP [ ] DIN [X] PTO [ ] ? [ ]

Max. torque: Nm at RPM / Couple maxi: Nm à tr/mn / Maximales Drehmoment: Nm bei U/min: 81,4 / 1500

No. of cylinders / Nbre de cylindres / Anzahl der Zylinder: 3

Capacity / Cylindrée / Hubraum cm³: 1396

Cooling system / Refroidissement / Kühlung: air / à air / Luft [ ] water / à eau / Wasser [X] ? [ ]

Fuel / Carburant / Kraftstoff: diesel / diesel / Diesel [X] gasoline / essence / Benzin [ ] ? [ ]

Start / Démarrage / Start: by hand / manuel / von Hand [ ] electrical / électrique / elektrisch [X] ? [ ]

Clutch/Embrayage/Kupplung

Disc(s) / Disque(s) / Scheibe(n) [1] belt / courroie / Riemen [ ] hydraulic / hydraulique / hydraulisch [ ] ? [ ]

Transmission/Ensemble mécanique/Getriebe

No. of gears forward/reverse / Nombre de vitesses AV/AR / Gänge vor-/rückwärts: 12 / 4

speed min.-max., forward/reverse / vitesse min.-max., AV/AR / Geschwindigkeit min.-max., vor-/rückwärts km/h: 1–20 / 1–14

Tire size/Pneumatiques/Bereifung

front / avant / vorn: 5 × 15 rear / arrière / hinten: 11.2 × 24

differential lock / blocage différentiel / Differentialsperre: yes / oui / ja [ ] no / non / nein [ ] ? [X]

Implement attachment/Attelage/Geräteanbau

3-point-hitch / 3 points / Dreipunkt [X] category / catégorie / Kategorie: 1 / special frame / construct. spéciale / Sonderkonstruktion [ ]

by hand / manuel / von Hand [ ] hydraulic / hydraulique / hydraulisch [X] lifting capacity / force de levage / Hubkraft daN: 1805

Power take-off/Prise(s) de force/Zapfwelle

rear / arrière / hinten [1] middle / ventrale / mittig [ ] front / avant / vorn [ ]

540 RPM tr/mn U/min

Dimensions/Encombrement/Maße und Gewichte

Width / Largeur mm / Breite: 1390 ground clearance / garde au sol mm / Bodenfreiheit: 354 wheel base / empattement mm / Radstand: 1600

turning circle / cercle de braquage ∅ mm / Wendekreis: ? wheel track / voie mm / Spurweite: 1100 - 1490

weight / poids à vide kg / Leergewicht: 1005 payload (if platform) / charge utile du plateau kg / Nutzlast bei Plattform:

Safety frame/arceau de protection/Sicherheitsbügel

yes / oui / ja [*] no / non / nein [ ]

Options/Equipement optionnel/Zubehör

Weights / Masses / Ballastgewicht [ ] sun canopy / toit pare-soleil / Sonnendach [ ] cabin / cabine / Kabine [ ]

belt pulley / poulie / Riemenscheibe [ ] crank handle / manivelle / Handkurbel [ ]

Manufacturer offers/Gamme de production du fabricant/Hersteller bietet an

[2] similar model(s) / version(s) similaire(s) / Typ(en) gleicher Bauart: 12 - 24 kW

[ ] different model(s) / version(s) différente(s) / Typ(en) anderer Bauart: - kW

Remarks/Remarques/Anmerkungen

made by SHIBAURA, Japan

[X] or [no.] = standard, * = optional, ? = not known, 1 daN ≙ 1kg, W = dependent pto, B = with brakes
[X] ou [Nombre] = Standard, * = Options, ? = non connu, 1 daN ≙ 1kg, W = P.d.F. proport. à l'avance., B = avec freins
[X] oder [Zahl] = Standard, * = Sonderausstattung, ? = nicht bekannt, 1 daN ≙ 1kg, W = Wegzapfwelle, B = mit Bremse

Country / Pays / Land	UNITED KINGDOM
Manufacturer / Fabricant / Hersteller	FORD NEW HOLLAND LTD
Model / Type / Typ	2810 (4 × 2)

M

Engine/Moteur/Motor

Power: kW (HP) at RPM / Puissance: kW (CH) à tr/mn / Leistung: kW (PS) bei U/min: 24 (32) 2000

SAE [ ] BHP [ ] DIN [ ] PTO [X] ? [ ]

Max. torque: Nm at RPM / Couple maxi: Nm à tr/mn / Maximales Drehmoment: Nm bei U/min: ? /

No. of cylinders / Nbre de cylindres / Anzahl der Zylinder: 3

Capacity / Cylindrée / Hubraum: 2588 cm³

Cooling system / Refroidissement / Kühlung: air / à air / Luft [ ] water / à eau / Wasser [X] ? [ ]

Fuel / Carburant / Kraftstoff: diesel / diesel / Diesel [X] gasoline / essence / Benzin [ ] ? [ ]

Start / Démarrage / Start: by hand / manuel / von Hand [ ] electrical / électrique / elektrisch [X] ? [ ]

Clutch/Embrayage/Kupplung

Disc(s) / Disque(s) / Scheibe(n): 1 belt / courroie / Riemen [ ] hydraulic / hydraulique / hydraulisch [ ] ? [ ]

Transmission/Ensemble mécanique/Getriebe

No. of gears forward/reverse / Nombre de vitesses AV/AR / Gänge vor-/rückwärts: 8 / 2

speed min.-max., forward/reverse / vitesse min.-max., AV/AR / Geschwindigkeit min.-max., vor-/rückwärts: ? / ? km/h

Tire size/Pneumatiques/Bereifung

front / avant / vorn: 5.5 × 16 rear / arrière / hinten: 12.4/11 × 28

differential lock / blocage différentiel / Differentialsperre: yes / oui / ja [X] no / non / nein [ ] ? [ ]

Implement attachment/Attelage/Geräteanbau

3-point-hitch / 3 points / Dreipunkt [X] category / catégorie / Kategorie: 1 / special frame / construct. spéciale / Sonderkonstruktion [ ]

by hand / manuel / von Hand [ ] hydraulic / hydraulique / hydraulisch [X] lifting capacity / force de levage / Hubkraft: daN

Power take-off/Prise(s) de force/Zapfwelle

rear / arrière / hinten: 1 middle / ventrale / mittig [ ] front / avant / vorn [ ]

540 RPM tr/mn U/min

Dimensions/Encombrement/Maße und Gewichte

Width / Largeur / Breite: ? mm ground clearance / garde au sol / Bodenfreiheit: 521 mm wheel base / empattement / Radstand: 1969 mm

turning circle / cercle de braquage / Wendekreis: 5800 B ∅ mm wheel track / voie / Spurweite: 1379 - 1994 mm

weight / poids à vide / Leergewicht: 1965 kg payload (if platform) / charge utile du plateau / Nutzlast bei Plattform: kg

Safety frame/arceau de protection/Sicherheitsbügel

yes / oui / ja [X] no / non / nein [ ]

Options/Equipement optionnel/Zubehör

Weights / Masses / Ballastgewicht [ ] sun canopy / toit pare-soleil / Sonnendach [ ] cabin / cabine / Kabine [ ]

belt pulley / poulie / Riemenscheibe [ ] crank handle / manivelle / Handkurbel [ ]

Manufacturer offers/Gamme de production du fabricant/Hersteller bietet an

similar model(s) / version(s) similaire(s) / Typ(en) gleicher Bauart: - kW

different model(s) / version(s) différente(s) / Typ(en) anderer Bauart: - kW

Remarks/Remarques/Anmerkungen

[X] or [no.] = standard, * = optional, ? = not known, 1 daN ≙ 1kg, W = dependent pto, B = with brakes
[X] ou [Nombre] = Standard, * = Options, ? = non connu, 1 daN ≙ 1kg, W = P.d.F. proport. à l'avance., B = avec freins
[X] oder [Zahl] = Standard, * = Sonderausstattung, ? = nicht bekannt, 1 daN ≙ 1kg, W = Wegzapfwelle, B = mit Bremse

Country Pays Land	**UNITED KINGDOM**
Manufacturer Fabricant Hersteller	**MASSEY-FERGUSON**
Model Type Typ	**1030 (4 × 2)** **1030 (4 × 4)***

Engine/Moteur/Motor

Power: kW (HP) at RPM / Puissance: kW (CH) à tr/mn / Leistung: kW (PS) bei U/min: 19 (26) 2500

SAE [X] BHP [ ] DIN [ ] PTO [ ] ? [ ]

Max. torque: Nm at RPM / Couple maxi: Nm à tr/mn / Maximales Drehmoment: Nm bei U/min: 84 / 1600

No. of cylinders / Nbre de cylindres / Anzahl der Zylinder: 3

Capacity / Cylindrée / Hubraum (cm^3): 1425

Cooling system / Refroidissement / Kühlung: air / à air / Luft [ ] water / à eau / Wasser [X] ? [ ]

Fuel / Carburant / Kraftstoff: diesel / diesel / Diesel [X] gasoline / essence / Benzin [ ] ? [ ]

Start / Démarrage / Start: by hand / manuel / von Hand [ ] electrical / électrique / elektrisch [X] ? [ ]

Clutch/Embrayage/Kupplung

Disc(s) / Disque(s) / Scheibe(n) [1] belt / courroie / Riemen [ ] hydraulic / hydraulique / hydraulisch [ ] ? [ ]

Transmission/Ensemble mécanique/Getriebe

No. of gears forward/reverse / Nombre de vitesses AV/AR / Gänge vor-/rückwärts: 12 / 3

speed min.-max., forward/reverse / vitesse min.-max., AV/AR / Geschwindigkeit min.-max., vor-/rückwärts (km/h): 1 – 19 / ?

Tire size/Pneumatiques/Bereifung

front / avant / vorn: 5 × 15 rear / arrière / hinten: 11.2 × 24

differential lock / blocage différentiel / Differentialsperre: yes / oui / ja [X] no / non / nein [ ] ? [ ]

Implement attachment/Attelage/Geräteanbau

3-point-hitch / 3 points / Dreipunkt [X] category / catégorie / Kategorie: 1 / special frame / construct. spéciale / Sonderkonstruktion [ ]

by hand / manuel / von Hand [ ] hydraulic / hydraulique / hydraulisch [X] lifting capacity / force de levage / Hubkraft (daN): 785

Power take-off/Prise(s) de force/Zapfwelle

rear / arrière / hinten [1] middle / ventrale / mittig [ ] front / avant / vorn [ ]

RPM / tr/mn / U/min: 540, 760

Dimensions/Encombrement/Maße und Gewichte

Width / Largeur / Breite (mm): 1340 ground clearance / garde au sol / Bodenfreiheit (mm): 330 wheel base / empattement / Radstand (mm): 1560

turning circle / cercle de braquage / Wendekreis (∅ mm): 8780 wheel track / voie / Spurweite (mm): 1045 - 1590

weight / poids à vide / Leergewicht (kg): 1030 payload (if platform) / charge utile du plateau / Nutzlast bei Plattform (kg):

Safety frame/arceau de protection/Sicherheitsbügel

yes / oui / ja [ ] no / non / nein [X]

Options/Equipement optionnel/Zubehör

Weights / Masses / Ballastgewicht [*] sun canopy / toit pare-soleil / Sonnendach [ ] cabin / cabine / Kabine [ ]

belt pulley / poulie / Riemenscheibe [ ] crank handle / manivelle / Handkurbel [ ]

Manufacturer offers/Gamme de production du fabricant/Hersteller bietet an

2 similar model(s) / version(s) similaire(s) / Typ(en) gleicher Bauart (kW): 12 - 16

different model(s) / version(s) différente(s) / Typ(en) anderer Bauart (kW): -

Remarks/Remarques/Anmerkungen

manufactured by HINOMOTO, Japan

[X] or [no.] = standard, * = optional, ? = not known, 1 daN ≙ 1kg, W = dependent pto, B = with brakes
[X] ou [Nombre] = Standard, * = Options, ? = non connu, 1 daN ≙ 1kg, W = P.d.F. proport. à l'avance., B = avec freins
[X] oder [Zahl] = Standard, * = Sonderausstattung, ? = nicht bekannt, 1 daN ≙ 1kg, W = Wegzapfwelle, B = mit Bremse

Country / Pays / Land: **USA**

Manufacturer / Fabricant / Hersteller: **AGRO-UTIL**

Model / Type / Typ: **B** (4 × 2)

Engine/Moteur/Motor

Power: kW (HP) at RPM / Puissance: kW (CH) à tr/mn / Leistung: kW (PS) bei U/min: 13 (17) ?

SAE ☐ BHP ☐ DIN ☐ PTO ☐ ? [X]

Max. torque: Nm at RPM / Couple maxi: Nm à tr/mn / Maximales Drehmoment: Nm bei U/min: ? /

No. of cylinders / Nbre de cylindres / Anzahl der Zylinder: 1

Capacity / Cylindrée / Hubraum cm³: ?

Cooling system / Refroidissement / Kühlung: air / à air / Luft [X] water / à eau / Wasser ☐ ? ☐

Fuel / Carburant / Kraftstoff: diesel / diesel / Diesel [X] gasoline / essence / Benzin [*] ? ☐

Start / Démarrage / Start: by hand / manuel / von Hand [X] electrical / électrique / elektrisch [*] ? ☐

Clutch/Embrayage/Kupplung

Disc(s) / Disque(s) / Scheibe(n) ☐ belt / courroie / Riemen [X] hydraulic / hydraulique / hydraulisch ☐ ? ☐

Transmission/Ensemble mécanique/Getriebe

No. of gears forward/reverse / Nombre de vitesses AV/AR / Gänge vor-/rückwärts: 4 / 1

speed min.-max., forward/reverse / vitesse min.-max., AV/AR / Geschwindigkeit min.-max., vor-/rückwärts km/h: ? /

differential lock / blocage différentiel / Differentialsperre: yes / oui / ja ☐ no / non / nein ☐ ? [X]

Tire size/Pneumatiques/Bereifung

front / avant / vorn: 4 × 12 rear / arrière / hinten: 8.3 × 24

Implement attachment/Attelage/Geräteanbau

3-point-hitch / 3 points / Dreipunkt [X] category / catégorie / Kategorie: 0 / special frame / construct. spéciale / Sonderkonstruktion ☐

by hand / manuel / von Hand [X] hydraulic / hydraulique / hydraulisch ☐ lifting capacity / force de levage / Hubkraft daN: ?

Power take-off/Prise(s) de force/Zapfwelle

rear / arrière / hinten [*] middle / ventrale / mittig ☐ front / avant / vorn ☐

RPM tr/mn U/min:

Dimensions/Encombrement/Maße und Gewichte

Width / Largeur mm / Breite: 1270 ground clearance / garde au sol mm / Bodenfreiheit: 483 wheel base / empattement mm / Radstand: 1575

turning circle / cercle de braquage ∅ mm / Wendekreis: ? wheel track / voie mm / Spurweite: 1016 - 1372

weight / poids à vide kg / Leergewicht: 692 payload (if platform) / charge utile du plateau kg / Nutzlast bei Plattform:

Safety frame/arceau de protection/Sicherheitsbügel

yes / oui / ja ☐ no / non / nein [X]

Options/Equipement optionnel/Zubehör

Weights / Masses / Ballastgewicht [*] sun canopy / toit pare-soleil / Sonnendach ☐ cabin / cabine / Kabine ☐

belt pulley / poulie / Riemenscheibe [*] crank handle / manivelle / Handkurbel ☐

Manufacturer offers/Gamme de production du fabricant/Hersteller bietet an

☐ similar model(s) / version(s) similaire(s) / Typ(en) gleicher Bauart kW: -

☐ different model(s) / version(s) différente(s) / Typ(en) anderer Bauart kW: -

Remarks/Remarques/Anmerkungen

different engines available

[X] or [no.] = standard, * = optional, ? = not known, 1 daN ≙ 1kg, W = dependent pto, B = with brakes
[X] ou [Nombre] = Standard, * = Options, ? = non connu, 1 daN ≙ 1kg, W = P.d.F. proport. à l'avance., B = avec freins
[X] oder [Zahl] = Standard, * = Sonderausstattung, ? = nicht bekannt, 1 daN ≙ 1kg, W = Wegzapfwelle, B = mit Bremse

Country / Pays / Land	USA
Manufacturer / Fabricant / Hersteller	ENGINEERING PRODUCTS Co., INC.
Model / Type / Typ	Power King 2417 (4 × 2)

Engine/Moteur/Motor

Power: kW (HP) at RPM / Puissance: kW (CH) à tr/mn / Leistung: kW (PS) bei U/min: 13 (17) 3600

Cooling system / Refroidissement / Kühlung: air / à air / Luft [X] — water / à eau / Wasser [ ] — ? [ ]

SAE [ ] BHP [ ] DIN [ ] PTO [ ] ? [X]

Fuel / Carburant / Kraftstoff: diesel / diesel / Diesel [X] — gasoline / essence / Benzin [ ] — ? [ ]

Max. torque: Nm at RPM / Couple maxi: Nm à tr/mn / Maximales Drehmoment: Nm bei U/min: 39 / 2600

No. of cylinders / Nbre de cylindres / Anzahl der Zylinder: 2

Capacity / Cylindrée / Hubraum: 691 cm³

Start / Démarrage / Start: by hand / manuel / von Hand [ ] — electrical / électrique / elektrisch [X] — ? [ ]

Clutch/Embrayage/Kupplung

Disc(s) / Disque(s) / Scheibe(n) [1] — belt / courroie / Riemen [ ] — hydraulic / hydraulique / hydraulisch [ ] — ? [ ]

Transmission/Ensemble mécanique/Getriebe

No. of gears forward/reverse / Nombre de vitesses AV/AR / Gänge vor-/rückwärts: 4 / 1

speed min.-max., forward/reverse / vitesse min.-max., AV/AR / Geschwindigkeit min.-max., vor-/rückwärts: 1 – 11 / 5 km/h

Tire size/Pneumatiques/Bereifung

front / avant / vorn: 4 × 12 — rear / arrière / hinten: 8.3 × 24

differential lock / blocage différentiel / Differentialsperre: yes / oui / ja [ ] — no / non / nein [X] — ? [ ]

Implement attachment/Attelage/Geräteanbau

3-point-hitch / 3 points / Dreipunkt [X] — category / catégorie / Kategorie: 0 / — special frame / construct. spéciale / Sonderkonstruktion [ ]

by hand / manuel / von Hand [X] — hydraulic / hydraulique / hydraulisch [*] — lifting capacity / force de levage / Hubkraft: ? daN

Power take-off/Prise(s) de force/Zapfwelle

rear / arrière / hinten [1] — middle / ventrale / mittig [ ] — front / avant / vorn [ ]

2000 RPM / tr/mn / U/min

Dimensions/Encombrement/Maße und Gewichte

Width / Largeur / Breite: 1118 mm — ground clearance / garde au sol / Bodenfreiheit: 451 mm — wheel base / empattement / Radstand: 1448 mm

turning circle / cercle de braquage / Wendekreis: 2184 ∅ mm — wheel track / voie / Spurweite: 908 - 1041 mm

weight / poids à vide / Leergewicht: 480 kg — payload (if platform) / charge utile du plateau / Nutzlast bei Plattform: kg

Safety frame/arceau de protection/Sicherheitsbügel

yes / oui / ja [ ] — no / non / nein [X]

Options/Equipement optionnel/Zubehör

Weights / Masses / Ballastgewicht [ ] — sun canopy / toit pare-soleil / Sonnendach [ ] — cabin / cabine / Kabine [ ]

belt pulley / poulie / Riemenscheibe [X] — crank handle / manivelle / Handkurbel [ ]

Manufacturer offers/Gamme de production du fabricant/Hersteller bietet an

[ ] similar model(s) / version(s) similaire(s) / Typ(en) gleicher Bauart: - kW

[ ] different model(s) / version(s) différente(s) / Typ(en) anderer Bauart: - kW

Remarks/Remarques/Anmerkungen

....

[X] or [no.] = standard, * = optional, ? = not known, 1 daN ≘ 1kg, W = dependent pto, B = with brakes
[X] ou [Nombre] = Standard, * = Options, ? = non connu, 1 daN ≘ 1kg, W = P.d.F. proport. à l'avance., B = avec freins
[X] oder [Zahl] = Standard, * = Sonderausstattung, ? = nicht bekannt, 1 daN ≘ 1kg, W = Wegzapfwelle, B = mit Bremse

Country / Pays / Land	**USA**
Manufacturer / Fabricant / Hersteller	**SELF-HELP**
Model / Type / Typ	**SELF-HELP (4 × 2)**

Engine/Moteur/Motor

Power: kW (HP) at RPM / Puissance: kW (CH) à tr/mn / Leistung: kW (PS) bei U/min: 9 (12)

SAE ☐ BHP ☐ DIN ☐ PTO ☐ ? ☒

Max. torque: Nm at RPM / Couple maxi: Nm à tr/mn / Maximales Drehmoment: Nm bei U/min: ? /

No. of cylinders / Nbre de cylindres / Anzahl der Zylinder: ?

Capacity / Cylindrée / Hubraum cm³: ?

Cooling system / Refroidissement / Kühlung: air / à air / Luft ☐ water / à eau / Wasser ☐ ? ☒

Fuel / Carburant / Kraftstoff: diesel / diesel / Diesel ☐ gasoline / essence / Benzin ☐ ? ☒

Start / Démarrage / Start: by hand / manuel / von Hand ☒ electrical / électrique / elektrisch ☐ ? ☐

Clutch/Embrayage/Kupplung

Disc(s) / Disque(s) / Scheibe(n) ☐ belt / courroie / Riemen ☒ hydraulic / hydraulique / hydraulisch ☐ ? ☐

Transmission/Ensemble mécanique/Getriebe

No. of gears forward/reverse / Nombre de vitesses AV/AR / Gänge vor-/rückwärts: 6 / 2

speed min.-max., forward/reverse / vitesse min.-max., AV/AR / Geschwindigkeit min.-max., vor-/rückwärts km/h: ? /

differential lock / blocage différentiel / Differentialsperre: yes / oui / ja ☐ no / non / nein ☐ ? ☒

Tire size/Pneumatiques/Bereifung

front / avant / vorn: 4 × 12 rear / arrière / hinten: 8 × 12

Implement attachment/Attelage/Geräteanbau

3-point-hitch / 3 points / Dreipunkt ☐ category / catégorie / Kategorie: / special frame / construct. spéciale / Sonderkonstruktion ☐

by hand / manuel / von Hand ☐ hydraulic / hydraulique / hydraulisch ☐ lifting capacity / force de levage / Hubkraft daN:

Power take-off/Prise(s) de force/Zapfwelle

rear / arrière / hinten: 1 middle / ventrale / mittig ☐ front / avant / vorn ☐

RPM tr/mn U/min:

Dimensions/Encombrement/Maße und Gewichte

Width / Largeur / Breite mm: ? ground clearance / garde au sol / Bodenfreiheit mm: 355 wheel base / empattement / Radstand mm: 1371

turning circle / cercle de braquage / Wendekreis ∅ mm: ? wheel track / voie / Spurweite mm: 1117 -

weight / poids à vide / Leergewicht kg: ? payload (if platform) / charge utile du plateau / Nutzlast bei Plattform kg:

Safety frame/arceau de protection/Sicherheitsbügel

yes / oui / ja ☐ no / non / nein ☐

Options/Equipement optionnel/Zubehör

Weights / Masses / Ballastgewicht ☐ sun canopy / toit pare-soleil / Sonnendach ☐ cabin / cabine / Kabine ☐

belt pulley / poulie / Riemenscheibe ☐ crank handle / manivelle / Handkurbel ☐

Manufacturer offers/Gamme de production du fabricant/Hersteller bietet an

similar model(s) / version(s) similaire(s) / Typ(en) gleicher Bauart kW: -

different model(s) / version(s) différente(s) / Typ(en) anderer Bauart kW: -

Remarks/Remarques/Anmerkungen

☒ or [no.] = standard, ✻ = optional, ? = not known, 1 daN ≙ 1kg, W = dependent pto, B = with brakes
☒ ou [Nombre] = Standard, ✻ = Options, ? = non connu, 1 daN ≙ 1kg, W = P.d.F. proport. à l'avance., B = avec freins
☒ oder [Zahl] = Standard, ✻ = Sonderausstattung, ? = nicht bekannt, 1 daN ≙ 1kg, W = Wegzapfwelle, B = mit Bremse

Country / Pays / Land: **USA**

Manufacturer / Fabricant / Hersteller: **BROWN TRANSPORT CORPORATION**

Model / Type / Typ: **Tuff-bild D.8 (4 × 2)**

Engine/Moteur/Motor

Power: kW (HP) at RPM / Puissance: kW (CH) à tr/mn / Leistung: kW (PS) bei U/min: 13 (17) 3060

SAE [X] BHP [ ] DIN [ ] PTO [ ] ? [ ]

Max. torque: Nm at RPM / Couple maxi: Nm à tr/mn / Maximales Drehmoment: Nm bei U/min: 39 / 2000

No. of cylinders / Nbre de cylindres / Anzahl der Zylinder: 1

Capacity / Cylindrée / Hubraum: 666 cm³

Cooling system / Refroidissement / Kühlung: air / à air / Luft [X] water / à eau / Wasser [ ] ? [ ]

Fuel / Carburant / Kraftstoff: diesel / diesel / Diesel [X] gasoline / essence / Benzin [ ] ? [ ]

Start / Démarrage / Start: by hand / manuel / von Hand [X] electrical / électrique / elektrisch [*] ? [ ]

Clutch/Embrayage/Kupplung

Disc(s) / Disque(s) / Scheibe(n) [ ] belt / courroie / Riemen [ ] hydraulic / hydraulique / hydraulisch [X] ? [ ]

Transmission/Ensemble mécanique/Getriebe

No. of gears forward/reverse / Nombre de vitesses AV/AR / Gänge vor-/rückwärts: 3 / 1

speed min.-max., forward/reverse / vitesse min.-max., AV/AR / Geschwindigkeit min.-max., vor-/rückwärts: 3 – 10 / 3 km/h

Tire size/Pneumatiques/Bereifung

front / avant / vorn: 4.8 × 12 rear / arrière / hinten: 8.3 × 24

differential lock / blocage différentiel / Differentialsperre: yes / oui / ja [ ] no / non / nein [X] ? [ ]

Implement attachment/Attelage/Geräteanbau

3-point-hitch / 3 points / Dreipunkt [2] category / catégorie / Kategorie: 0 / special frame / construct. spéciale / Sonderkonstruktion [ ]

by hand / manuel / von Hand [ ] hydraulic / hydraulique / hydraulisch [X] lifting capacity / force de levage / Hubkraft: 318 daN

Power take-off/Prise(s) de force/Zapfwelle

rear / arrière / hinten [X] middle / ventrale / mittig [ ] front / avant / vorn [ ]

540/1000* RPM tr/mn U/min

Dimensions/Encombrement/Maße und Gewichte

Width / Largeur mm / Breite: [ ] ground clearance / garde au sol / Bodenfreiheit: 508 mm wheel base / empattement mm / Radstand: 1828

turning circle / cercle de braquage / Wendekreis: 4268 ∅ mm wheel track / voie / Spurweite: 914 - 1168 mm

weight / poids à vide / Leergewicht: 680 kg payload (if platform) / charge utile du plateau / Nutzlast bei Plattform: [ ] kg

Safety frame/arceau de protection/Sicherheitsbügel

yes / oui / ja [ ] no / non / nein [X]

Options/Equipement optionnel/Zubehör

Weights / Masses / Ballastgewicht [ ] sun canopy / toit pare-soleil / Sonnendach [ ] cabin / cabine / Kabine [ ]

belt pulley / poulie / Riemenscheibe [ ] crank handle / manivelle / Handkurbel [ ]

Manufacturer offers/Gamme de production du fabricant/Hersteller bietet an

[ ] similar model(s) / version(s) similaire(s) / Typ(en) gleicher Bauart: - kW

[ ] different model(s) / version(s) différente(s) / Typ(en) anderer Bauart: - kW

Remarks/Remarques/Anmerkungen

wheel track adjustable to 1828 mm*

[X] or [no.] = standard, * = optional, ? = not known, 1 daN ≘ 1kg, W = dependent pto, B = with brakes
[X] ou [Nombre] = Standard, * = Options, ? = non connu, 1 daN ≘ 1kg, W = P.d.F. proport. à l'avance., B = avec freins
[X] oder [Zahl] = Standard, * = Sonderausstattung, ? = nicht bekannt, 1 daN ≘ 1kg, W = Wegzapfwelle, B = mit Bremse

Country / Pays / Land	YUGOSLAVIA
Manufacturer / Fabricant / Hersteller	TOMO VINKOVIĆ
Model / Type / Typ	TV 420 (4 × 4)

M

Engine/Moteur/Motor

Power: kW (HP) at RPM / Puissance: kW (CH) à tr/mn / Leistung: kW (PS) bei U/min: 13 (18) 3000

SAE [X] BHP [ ] DIN [ ] PTO [ ] ? [ ]

Max. torque: Nm at RPM / Couple maxi: Nm à tr/mn / Maximales Drehmoment: Nm bei U/min: ? /

No. of cylinders / Nbre de cylindres / Anzahl der Zylinder: 1

Capacity / Cylindrée / Hubraum: 707 cm^3

Cooling system / Refroidissement / Kühlung: air / à air / Luft [X] water / à eau / Wasser [ ] ? [ ]

Fuel / Carburant / Kraftstoff: diesel / diesel / Diesel [X] gasoline / essence / Benzin [ ] ? [ ]

Start / Démarrage / Start: by hand / manuel / von Hand [ ] electrical / électrique / elektrisch [X] ? [ ]

Clutch/Embrayage/Kupplung

Disc(s) / Disque(s) / Scheibe(n) [1] belt / courroie / Riemen [ ] hydraulic / hydraulique / hydraulisch [ ] ? [ ]

Transmission/Ensemble mécanique/Getriebe

No. of gears forward/reverse / Nombre de vitesses AV/AR / Gänge vor-/rückwärts: 6 / 3

speed min.-max., forward/reverse / vitesse min.-max., AV/AR / Geschwindigkeit min.-max., vor-/rückwärts: 2 – 18 / 3 – 18 km/h

Tire size/Pneumatiques/Bereifung

front / avant / vorn: 6 × 16 rear / arrière / hinten: 6 × 16

differential lock / blocage différentiel / Differentialsperre: yes / oui / ja [X] no / non / nein [ ] ? [ ]

Implement attachment/Attelage/Geräteanbau

3-point-hitch / 3 points / Dreipunkt [ ] category / catégorie / Kategorie [/] special frame / construct. spéciale / Sonderkonstruktion [ ]

by hand / manuel / von Hand [ ] hydraulic / hydraulique / hydraulisch [X] lifting capacity / force de levage / Hubkraft: 672 daN

Power take-off/Prise(s) de force/Zapfwelle

rear / arrière / hinten [1] middle / ventrale / mittig [ ] front / avant / vorn [ ]

727–2058 RPM tr/mn U/min

Dimensions/Encombrement/Maße und Gewichte

Width / Largeur / Breite: 1060 mm ground clearance / garde au sol / Bodenfreiheit: 210 mm wheel base / empattement / Radstand: 1085 mm

turning circle / cercle de braquage / Wendekreis: 4680 ∅ mm wheel track / voie / Spurweite: 840 - mm

weight / poids à vide / Leergewicht: 805 kg payload (if platform) / charge utile du plateau / Nutzlast bei Plattform: kg

Safety frame/arceau de protection/Sicherheitsbügel

yes / oui / ja [X] no / non / nein [ ]

Options/Equipement optionnel/Zubehör

Weights / Masses / Ballastgewicht [ ] sun canopy / toit pare-soleil / Sonnendach [ ] cabin / cabine / Kabine [ ]

belt pulley / poulie / Riemenscheibe [ ] crank handle / manivelle / Handkurbel [ ]

Manufacturer offers/Gamme de production du fabricant/Hersteller bietet an

7 similar model(s) / version(s) similaire(s) / Typ(en) gleicher Bauart: 13 - 23 kW

different model(s) / version(s) différente(s) / Typ(en) anderer Bauart: - kW

Remarks/Remarques/Anmerkungen

[X] or [no.] = standard, ✻ = optional, ? = not known, 1 daN ≙ 1kg, W = dependent pto, B = with brakes
[X] ou [Nombre] = Standard, ✻ = Options, ? = non connu, 1 daN ≙ 1kg, W = P.d.F. proport. à l'avance., B = avec freins
[X] oder [Zahl] = Standard, ✻ = Sonderausstattung, ? = nicht bekannt, 1 daN ≙ 1kg, W = Wegzapfwelle, B = mit Bremse

Country / Pays / Land: **YUGOSLAVIA**

Manufacturer / Fabricant / Hersteller: **INDUSTRIA MASINA i TRAKTORA (IMT)**

Model / Type / Typ: **528 (4 × 2)**

Engine/Moteur/Motor

Power: kW (HP) at RPM / Puissance: kW (CH) à tr/mn / Leistung: kW (PS) bei U/min: 19 (26) 2000

SAE ☐ BHP ☐ DIN ☐ PTO ☐ ? ☒

Max. torque: Nm at RPM / Couple maxi: Nm à tr/mn / Maximales Drehmoment: Nm bei U/min: ? /

No. of cylinders / Nbre de cylindres / Anzahl der Zylinder: 2

Capacity / Cylindrée / Hubraum cm^3: 1560

Cooling system / Refroidissement / Kühlung: air / à air / Luft ☐ water / à eau / Wasser ☒ ? ☐

Fuel / Carburant / Kraftstoff: diesel / diesel / Diesel ☒ gasoline / essence / Benzin ☐ ? ☐

Start / Démarrage / Start: by hand / manuel / von Hand ☐ electrical / électrique / elektrisch ☒ ? ☐

Clutch/Embrayage/Kupplung

Disc(s) / Disque(s) / Scheibe(n) ☐ belt / courroie / Riemen ☐ hydraulic / hydraulique / hydraulisch ☐ ? ☐

Transmission/Ensemble mécanique/Getriebe

No. of gears forward/reverse / Nombre de vitesses AV/AR / Gänge vor-/rückwärts: 6 / 2

speed min.-max., forward/reverse / vitesse min.-max., AV/AR / Geschwindigkeit min.-max., vor-/rückwärts km/h: 2–24 / 3–12

differential lock / blocage différentiel / Differentialsperre: yes / oui / ja ☐ no / non / nein ☐ ? ☐

Tire size/Pneumatiques/Bereifung

front / avant / vorn: 6 × 16 rear / arrière / hinten: 11.2/10 × 28

Implement attachment/Attelage/Geräteanbau

3-point-hitch / 3 points / Dreipunkt ☒ category / catégorie / Kategorie: / special frame / construct. spéciale / Sonderkonstruktion ☐

by hand / manuel / von Hand ☐ hydraulic / hydraulique / hydraulisch ☒ lifting capacity / force de levage / Hubkraft daN: 1100

Power take-off/Prise(s) de force/Zapfwelle

rear / arrière / hinten: 1 middle / ventrale / mittig ☐ front / avant / vorn ☐

720 RPM tr/mn U/min

Dimensions/Encombrement/Maße und Gewichte

Width / Largeur mm / Breite: 1800 ground clearance / garde au sol mm / Bodenfreiheit: 320 wheel base / empattement mm / Radstand:

turning circle / cercle de braquage ∅ mm / Wendekreis: ? wheel track / voie mm / Spurweite: 1300 - 1900

weight / poids à vide kg / Leergewicht: 1580 payload (if platform) / charge utile du plateau kg / Nutzlast bei Plattform:

Safety frame/arceau de protection/Sicherheitsbügel

yes / oui / ja ☒ no / non / nein ☐

Options/Equipement optionnel/Zubehör

Weights / Masses / Ballastgewicht ☐ sun canopy / toit pare-soleil / Sonnendach ☐ cabin / cabine / Kabine ✱

belt pulley / poulie / Riemenscheibe ☐ crank handle / manivelle / Handkurbel ☐

Manufacturer offers/Gamme de production du fabricant/Hersteller bietet an

similar model(s) / version(s) similaire(s) / Typ(en) gleicher Bauart: - kW

different model(s) / version(s) différente(s) / Typ(en) anderer Bauart: - kW

Remarks/Remarques/Anmerkungen

☒ or no. = standard, ✱ = optional, ? = not known, 1 daN ≙ 1kg, W = dependent pto, B = with brakes
☒ ou Nombre = Standard, ✱ = Options, ? = non connu, 1 daN ≙ 1kg, W = P.d.F. proport. à l'avance., B = avec freins
☒ oder Zahl = Standard, ✱ = Sonderausstattung, ? = nicht bekannt, 1 daN ≙ 1kg, W = Wegzapfwelle, B = mit Bremse

2.2 Current Prototypes

Country / Pays / Land: **AUSTRALIA**

Manufacturer / Fabricant / Hersteller: **JEFFERSON APPROTEC COMPANY PTY. LTD**

Model / Type / Typ: **J 15 - HD (4 × 4)**

Engine/Moteur/Motor

Power: kW (HP) at RPM / Puissance: kW (CH) à tr/mn / Leistung: kW (PS) bei U/min: 14 (20) 3000

SAE ☐ BHP ☐ DIN ☐ PTO ☒ ? ☐

Max. torque: Nm at RPM / Couple maxi: Nm à tr/mn / Maximales Drehmoment: Nm bei U/min: ? /

No. of cylinders / Nbre de cylindres / Anzahl der Zylinder: 3

Capacity / Cylindrée / Hubraum: 980 cm^3

Cooling system / Refroidissement / Kühlung: air / à air / Luft ☐ water / à eau / Wasser ☒ ? ☐

Fuel / Carburant / Kraftstoff: diesel / diesel / Diesel ☒ gasoline / essence / Benzin ☐ ? ☐

Start / Démarrage / Start: by hand / manuel / von Hand ☐ electrical / électrique / elektrisch ☒ ? ☐

Clutch/Embrayage/Kupplung

Disc(s) / Disque(s) / Scheibe(n) ☐ belt / courroie / Riemen ☐ hydraulic / hydraulique / hydraulisch ☒ ? ☐

Transmission/Ensemble mécanique/Getriebe

No. of gears forward/reverse / Nombre de vitesses AV/AR / Gänge vor-/rückwärts: /

speed min.-max., forward/reverse / vitesse min.-max., AV/AR / Geschwindigkeit min.-max., vor-/rückwärts: 0 – 13 / km/h

differential lock / blocage différentiel / Differentialsperre: yes / oui / ja ☐ no / non / nein ☐ ? ☒

Tire size/Pneumatiques/Bereifung

front / avant / vorn: 8 × 16 rear / arrière / hinten: 8 × 16

Implement attachment/Attelage/Geräteanbau

3-point-hitch / 3 points / Dreipunkt ☒ category / catégorie / Kategorie: 1 / special frame / construct. spéciale / Sonderkonstruktion ☐

by hand / manuel / von Hand ☐ hydraulic / hydraulique / hydraulisch ☒ lifting capacity / force de levage / Hubkraft: 720 daN

Power take-off/Prise(s) de force/Zapfwelle

rear / arrière / hinten: 1 middle / ventrale / mittig: * front / avant / vorn: 1

540, 1000 RPM tr/mn U/min 2600

Dimensions/Encombrement/Maße und Gewichte

Width / Largeur / Breite: 1650 mm ground clearance / garde au sol / Bodenfreiheit: 740 mm wheel base / empattement / Radstand: 1650 mm

turning circle / cercle de braquage / Wendekreis: 3400 ∅ mm wheel track / voie / Spurweite: ? - mm

weight / poids à vide / Leergewicht: 850 kg payload (if platform) / charge utile du plateau / Nutzlast bei Plattform: kg

Safety frame/arceau de protection/Sicherheitsbügel

yes / oui / ja ☒ no / non / nein ☐

Options/Equipement optionnel/Zubehör

Weights / Masses / Ballastgewicht ☐ sun canopy / toit pare-soleil / Sonnendach ☐ cabin / cabine / Kabine ☐

belt pulley / poulie / Riemenscheibe ☐ crank handle / manivelle / Handkurbel ☐

Manufacturer offers/Gamme de production du fabricant/Hersteller bietet an

similar model(s) / version(s) similaire(s) / Typ(en) gleicher Bauart: - kW

different model(s) / version(s) différente(s) / Typ(en) anderer Bauart: - kW

Remarks/Remarques/Anmerkungen

four wheel steering

☒ or [no.] = standard, * = optional, ? = not known, 1 daN ≙ 1kg, W = dependent pto, B = with brakes
☒ ou [Nombre] = Standard, * = Options, ? = non connu, 1 daN ≙ 1kg, W = P.d.F. proport. à l'avance., B = avec freins
☒ oder [Zahl] = Standard, * = Sonderausstattung, ? = nicht bekannt, 1 daN ≙ 1kg, W = Wegzapfwelle, B = mit Bremse

Country / Pays / Land: **GERMANY (F.R.)**

Manufacturer / Fabricant / Hersteller: **INSTITUT FÜR LANDMASCHINEN TECHNISCHE UNIVERSITÄT MÜNCHEN**

Model / Type / Typ: **Kleiner Forschungsschlepper (Small Tractor, Prototype)**

Engine/Moteur/Motor

Power: kW (HP) at RPM / Puissance: kW (CH) à tr/mn / Leistung: kW (PS) bei U/min: 30 (41) 3000

SAE [ ] BHP [ ] DIN [X] PTO [ ] ? [ ]

Max. torque: Nm at RPM / Couple maxi: Nm à tr/mn / Maximales Drehmoment: Nm bei U/min: 110 / 2000

No. of cylinders / Nbre de cylindres / Anzahl der Zylinder: 4

Capacity / Cylindrée / Hubraum: 2000 cm^3

Cooling system / Refroidissement / Kühlung: air / à air / Luft [ ] water / à eau / Wasser [X] ? [ ]

Fuel / Carburant / Kraftstoff: diesel / diesel / Diesel [X] gasoline / essence / Benzin [ ] ? [ ]

Start / Démarrage / Start: by hand / manuel / von Hand [ ] electrical / électrique / elektrisch [X] ? [ ]

Clutch/Embrayage/Kupplung

Disc(s) / Disque(s) / Scheibe(n) [X] belt / courroie / Riemen [ ] hydraulic / hydraulique / hydraulisch [ ] ? [ ]

Transmission/Ensemble mécanique/Getriebe

No. of gears forward/reverse / Nombre de vitesses AV/AR / Gänge vor-/rückwärts: 2 / 1 + Variator

speed min.-max., forward/reverse / vitesse min.-max., AV/AR / Geschwindigkeit min.-max., vor-/rückwärts: 2 – 25 / 2 – 12 km/h

Tire size/Pneumatiques/Bereifung

front / avant / vorn: 6 × 16 rear / arrière / hinten: 12.4 × 28

differential lock / blocage différentiel / Differentialsperre: yes / oui / ja [X] no / non / nein [ ] ? [ ]

Implement attachment/Attelage/Geräteanbau

3-point-hitch / 3 points / Dreipunkt [X] category / catégorie / Kategorie: 1 / 2 special frame / construct. spéciale / Sonderkonstruktion [ ]

by hand / manuel / von Hand [ ] hydraulic / hydraulique / hydraulisch [X] lifting capacity / force de levage / Hubkraft: 1500 daN

Power take-off/Prise(s) de force/Zapfwelle

rear / arrière / hinten: 1 middle / ventrale / mittig [ ] front / avant / vorn [ ]

540, 1000 RPM tr/mn U/min

Dimensions/Encombrement/Maße und Gewichte

Width / Largeur / Breite: 1650 mm ground clearance / garde au sol / Bodenfreiheit: 420 mm wheel base / empattement / Radstand: 1800 mm

turning circle / cercle de braquage / Wendekreis: 6000 ∅ mm wheel track / voie / Spurweite: 1350 - mm

weight / poids à vide / Leergewicht: 1650 kg payload (if platform) / charge utile du plateau / Nutzlast bei Plattform: kg

Safety frame/arceau de protection/Sicherheitsbügel

yes / oui / ja [X] no / non / nein [ ]

Options/Equipement optionnel/Zubehör

Weights / Masses / Ballastgewicht [X] sun canopy / toit pare-soleil / Sonnendach [X] cabin / cabine / Kabine [ ]

belt pulley / poulie / Riemenscheibe [ ] crank handle / manivelle / Handkurbel [ ]

Manufacturer offers/Gamme de production du fabricant/Hersteller bietet an

[ ] similar model(s) / version(s) similaire(s) / Typ(en) gleicher Bauart: - kW

[ ] different model(s) / version(s) différente(s) / Typ(en) anderer Bauart: - kW

Remarks/Remarques/Anmerkungen

optional: Engine 30 kW, 41 HP, 3 cyle, air-cooled

[X] or [no.] = standard, ✱ = optional, ? = not known, 1 daN ≅ 1kg, W = dependent pto, B = with brakes

[X] ou [Nombre] = Standard, ✱ = Options, ? = non connu, 1 daN ≅ 1kg, W = P.d.F. proport. à l'avance., B = avec freins

[X] oder [Zahl] = Standard, ✱ = Sonderausstattung, ? = nicht bekannt, 1 daN ≅ 1kg, W = Wegzapfwelle, B = mit Bremse

Country / Pays / Land: **GERMANY (F.R.)**

Manufacturer / Fabricant / Hersteller: **KLÖCKNER HUMBOLDT DEUTZ AG**

Model / Type / Typ: **DE 3607 (4 × 2)**

Engine/Moteur/Motor

Power: kW (HP) at RPM / Puissance: kW (CH) à tr/mn / Leistung: kW (PS) bei U/min: 22 (30) 2500

SAE ☐ BHP ☐ DIN [X] PTO ☐ ? ☐

Max. torque: Nm at RPM / Couple maxi: Nm à tr/mn / Maximales Drehmoment: Nm bei U/min: ? /

No. of cylinders / Nbre de cylindres / Anzahl der Zylinder: 2

Capacity / Cylindrée / Hubraum cm^3: 1650

Cooling system / Refroidissement / Kühlung: air / à air / Luft [X] water / à eau / Wasser ☐ ? ☐

Fuel / Carburant / Kraftstoff: diesel / diesel / Diesel [X] gasoline / essence / Benzin ☐ ? ☐

Start / Démarrage / Start: by hand / manuel / von Hand ☐ electrical / électrique / elektrisch [X] ? ☐

Clutch/Embrayage/Kupplung

Disc(s) / Disque(s) / Scheibe(n): 1 belt / courroie / Riemen ☐ hydraulic / hydraulique / hydraulisch ☐ ? ☐

Transmission/Ensemble mécanique/Getriebe

No. of gears forward/reverse / Nombre de vitesses AV/AR / Gänge vor-/rückwärts: 8 / 2

speed min.-max., forward/reverse / vitesse min.-max., AV/AR / Geschwindigkeit min.-max., vor-/rückwärts km/h: 2 – 27 / 3 – 12

Tire size/Pneumatiques/Bereifung

front / avant / vorn: 7 × 12 rear / arrière / hinten: 11.2 × 28

differential lock / blocage différentiel / Differentialsperre: yes / oui / ja ☐ no / non / nein ☐ ? [X]

Implement attachment/Attelage/Geräteanbau

3-point-hitch / 3 points / Dreipunkt [X] category / catégorie / Kategorie: 0 / special frame / construct. spéciale / Sonderkonstruktion ☐

by hand / manuel / von Hand ☐ hydraulic / hydraulique / hydraulisch ☐ lifting capacity / force de levage / Hubkraft daN: 1865

Power take-off/Prise(s) de force/Zapfwelle

rear / arrière / hinten: 1 middle / ventrale / mittig ☐ front / avant / vorn ☐

RPM / tr/mn / U/min: 540

Dimensions/Encombrement/Maße und Gewichte

Width / Largeur mm / Breite: ? ground clearance / garde au sol / Bodenfreiheit mm: 350 wheel base / empattement / Radstand mm: 1800

turning circle / cercle de braquage / Wendekreis ∅ mm: 6800 wheel track / voie / Spurweite mm: 1120 - 1520

weight / poids à vide / Leergewicht kg: 1560 payload (if platform) / charge utile du plateau / Nutzlast bei Plattform kg:

Safety frame/arceau de protection/Sicherheitsbügel

yes / oui / ja [X] no / non / nein ☐

Options/Equipement optionnel/Zubehör

Weights / Masses / Ballastgewicht ☐ sun canopy / toit pare-soleil / Sonnendach ☐ cabin / cabine / Kabine ☐

belt pulley / poulie / Riemenscheibe ☐ crank handle / manivelle / Handkurbel ☐

Manufacturer offers/Gamme de production du fabricant/Hersteller bietet an

similar model(s) / version(s) similaire(s) / Typ(en) gleicher Bauart kW: -

different model(s) / version(s) différente(s) / Typ(en) anderer Bauart kW: -

Remarks/Remarques/Anmerkungen

....

[X] or [no.] = standard, ✱ = optional, ? = not known, 1 daN ≙ 1kg, W = dependent pto, B = with brakes
[X] ou [Nombre] = Standard, ✱ = Options, ? = non connu, 1 daN ≙ 1kg, W = P.d.F. proport. à l'avance., B = avec freins
[X] oder [Zahl] = Standard, ✱ = Sonderausstattung, ? = nicht bekannt, 1 daN ≙ 1kg, W = Wegzapfwelle, B = mit Bremse

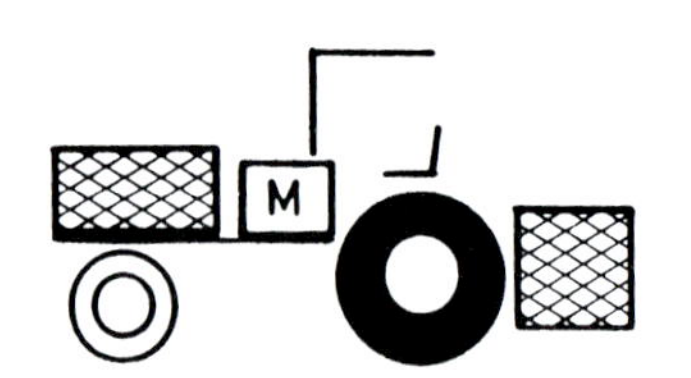

Country / Pays / Land	**GERMANY (F.R.)**
Manufacturer / Fabricant / Hersteller	**H. WEYHAUSEN GmbH**
Model / Type / Typ	**Multitrac MT 2502 (4 × 4)**

Engine/Moteur/Motor

Power: kW (HP) at RPM / Puissance: kW (CH) à tr/mn / Leistung: kW (PS) bei U/min: 24 (33) 2500

SAE [ ] BHP [ ] DIN [X] PTO [ ] ? [ ]

Max. torque: Nm at RPM / Couple maxi: Nm à tr/mn / Maximales Drehmoment: Nm bei U/min: ? /

No. of cylinders / Nbre de cylindres / Anzahl der Zylinder: 4

Capacity / Cylindrée / Hubraum cm³: 1588

Cooling system / Refroidissement / Kühlung: air / à air / Luft [ ] water / à eau / Wasser [X] ? [ ]

Fuel / Carburant / Kraftstoff: diesel / diesel / Diesel [X] gasoline / essence / Benzin [ ] ? [ ]

Start / Démarrage / Start: by hand / manuel / von Hand [ ] electrical / électrique / elektrisch [X] ? [ ]

Clutch/Embrayage/Kupplung

Disc(s) / Disque(s) / Scheibe(n) [1] belt / courroie / Riemen [ ] hydraulic / hydraulique / hydraulisch [ ] ? [ ]

Transmission/Ensemble mécanique/Getriebe

No. of gears forward/reverse / Nombre de vitesses AV/AR / Gänge vor-/rückwärts: 4 / 1

speed min.-max., forward/reverse / vitesse min.-max., AV/AR / Geschwindigkeit min.-max., vor-/rückwärts km/h: 3 – 13 / 3

Tire size/Pneumatiques/Bereifung

front / avant / vorn: 4.5 × 16 rear / arrière / hinten: 9.5 × 24

differential lock / blocage différentiel / Differentialsperre: yes / oui / ja [X] no / non / nein [ ] ? [ ]

Implement attachment/Attelage/Geräteanbau

3-point-hitch / 3 points / Dreipunkt [X] category / catégorie / Kategorie: 1 / special frame / construct. spéciale / Sonderkonstruktion [ ]

by hand / manuel / von Hand [ ] hydraulic / hydraulique / hydraulisch [X] lifting capacity / force de levage / Hubkraft daN: 650

Power take-off/Prise(s) de force/Zapfwelle

rear / arrière / hinten [1] middle / ventrale / mittig [ ] front / avant / vorn [ ]

540 RPM tr/mn U/min

Dimensions/Encombrement/Maße und Gewichte

Width / Largeur / Breite mm: 1660 ground clearance / garde au sol / Bodenfreiheit mm: 360 wheel base / empattement / Radstand mm: 2100

turning circle / cercle de braquage / Wendekreis ∅ mm: 8100 wheel track / voie / Spurweite mm: 1390 - 1630

weight / poids à vide / Leergewicht kg: 1260 payload (if platform) / charge utile du plateau / Nutzlast bei Plattform kg: 720

Safety frame/arceau de protection/Sicherheitsbügel

yes / oui / ja [X] no / non / nein [ ]

Options/Equipement optionnel/Zubehör

Weights / Masses / Ballastgewicht [ ] sun canopy / toit pare-soleil / Sonnendach [ ] cabin / cabine / Kabine [ ]

belt pulley / poulie / Riemenscheibe [ ] crank handle / manivelle / Handkurbel [ ]

Manufacturer offers/Gamme de production du fabricant/Hersteller bietet an

2 similar model(s) / version(s) similaire(s) / Typ(en) gleicher Bauart kW: 24 - 41

2 different model(s) / version(s) différente(s) / Typ(en) anderer Bauart kW: 24 -

Remarks/Remarques/Anmerkungen

offered in Nigeria with Peugeot Engine, 38 kW (60 HP)

[X] or [no.] = standard, * = optional, ? = not known, 1 daN ≙ 1kg, W = dependent pto, B = with brakes
[X] ou [Nombre] = Standard, * = Options, ? = non connu, 1 daN ≙ 1kg, W = P.d.F. proport. à l'avance., B = avec freins
[X] oder [Zahl] = Standard, * = Sonderausstattung, ? = nicht bekannt, 1 daN ≙ 1kg, W = Wegzapfwelle, B = mit Bremse

Country / Pays / Land: **UNITED KINGDOM**

Manufacturer / Fabricant / Hersteller: **LISTER-PETTER LTD**

Model / Type / Typ: **Pico-Trac (4 × 2)**

M

Engine/Moteur/Motor

Power: kW (HP) at RPM / Puissance: kW (CH) à tr/mn / Leistung: kW (PS) bei U/min: 25 (34) 2500

SAE ☐ BHP [X] DIN ☐ PTO ☐ ? ☐

Max. torque: Nm at RPM / Couple maxi: Nm à tr/mn / Maximales Drehmoment: Nm bei U/min: 95 / 2500

No. of cylinders / Nbre de cylindres / Anzahl der Zylinder: 3

Capacity / Cylindrée / Hubraum cm^3: 1900

Cooling system / Refroidissement / Kühlung: air / à air / Luft [X] water / à eau / Wasser ☐ ? ☐

Fuel / Carburant / Kraftstoff: diesel / diesel / Diesel [X] gasoline / essence / Benzin ☐ ? ☐

Start / Démarrage / Start: by hand / manuel / von Hand [X] electrical / électrique / elektrisch [*] ? ☐

Clutch/Embrayage/Kupplung

Disc(s) / Disque(s) / Scheibe(n) [1] belt / courroie / Riemen ☐ hydraulic / hydraulique / hydraulisch ☐ ? ☐

Transmission/Ensemble mécanique/Getriebe

No. of gears forward/reverse / Nombre de vitesses AV/AR / Gänge vor-/rückwärts: 6 / 1

speed min.-max., forward/reverse / vitesse min.-max., AV/AR / Geschwindigkeit min.-max., vor-/rückwärts km/h: 2–23 / 6

Tire size/Pneumatiques/Bereifung

front / avant / vorn: 6.5 × 16 rear / arrière / hinten: 11.2 × 24

differential lock / blocage différentiel / Differentialsperre: yes / oui / ja [X] no / non / nein ☐ ? ☐

Implement attachment/Attelage/Geräteanbau

3-point-hitch / 3 points / Dreipunkt [X] category / catégorie / Kategorie: 1 / special frame / construct. spéciale / Sonderkonstruktion ☐

by hand / manuel / von Hand ☐ hydraulic / hydraulique / hydraulisch [X] lifting capacity / force de levage / Hubkraft daN: 1195

Power take-off/Prise(s) de force/Zapfwelle

rear / arrière / hinten [1] middle / ventrale / mittig ☐ front / avant / vorn ☐

540 RPM tr/mn U/min

Dimensions/Encombrement/Maße und Gewichte

Width / Largeur mm / Breite: 1900 ground clearance / garde au sol mm / Bodenfreiheit: 300 wheel base / empattement mm / Radstand: 2300

turning circle / cercle de braquage ∅ mm / Wendekreis: 9200 wheel track / voie mm / Spurweite: 1524 -

weight / poids à vide kg / Leergewicht: 1740 payload (if platform) / charge utile du plateau kg / Nutzlast bei Plattform:

Safety frame/arceau de protection/Sicherheitsbügel

yes / oui / ja ☐ no / non / nein [X]

Options/Equipement optionnel/Zubehör

Weights / Masses / Ballastgewicht ☐ sun canopy / toit pare-soleil / Sonnendach ☐ cabin / cabine / Kabine ☐

belt pulley / poulie / Riemenscheibe ☐ crank handle / manivelle / Handkurbel ☐

Manufacturer offers/Gamme de production du fabricant/Hersteller bietet an

similar model(s) / version(s) similaire(s) / Typ(en) gleicher Bauart: - kW

different model(s) / version(s) différente(s) / Typ(en) anderer Bauart: - kW

Remarks/Remarques/Anmerkungen

[X] or [no.] = standard, * = optional, ? = not known, 1 daN ≙ 1kg, W = dependent pto, B = with brakes
[X] ou [Nombre] = Standard, * = Options, ? = non connu, 1 daN ≙ 1kg, W = P.d.F. proport. à l'avance., B = avec freins
[X] oder [Zahl] = Standard, * = Sonderausstattung, ? = nicht bekannt, 1 daN ≙ 1kg, W = Wegzapfwelle, B = mit Bremse

Country / Pays / Land	**UNITED KINGDOM**
Manufacturer / Fabricant / Hersteller	**QUINTAD (IMPORT & EXPORT) LTD**
Model / Type / Typ	**Farmking 200 (4 × 2)**

Engine/Moteur/Motor

Power: kW (HP) at RPM / Puissance: kW (CH) à tr/mn / Leistung: kW (PS) bei U/min: 17 (23) 2500

SAE ☐ BHP [X] DIN ☐ PTO ☐ ? ☐

Max. torque: Nm at RPM / Couple maxi: Nm à tr/mn / Maximales Drehmoment: Nm bei U/min: 64 / 2000

No. of cylinders / Nbre de cylindres / Anzahl der Zylinder: 2

Capacity / Cylindrée / Hubraum cm³: 1266

Cooling system / Refroidissement / Kühlung: air / à air / Luft [X] water / à eau / Wasser ☐ ? ☐

Fuel / Carburant / Kraftstoff: diesel / diesel / Diesel [X] gasoline / essence / Benzin ☐ ? ☐

Start / Démarrage / Start: by hand / manuel / von Hand [X] electrical / électrique / elektrisch [*] ? ☐

Clutch/Embrayage/Kupplung

Disc(s) / Disque(s) / Scheibe(n) [1] belt / courroie / Riemen ☐ hydraulic / hydraulique / hydraulisch ☐ ? ☐

Transmission/Ensemble mécanique/Getriebe

No. of gears forward/reverse / Nombre de vitesses AV/AR / Gänge vor-/rückwärts: 3 / 1

speed min.-max., forward/reverse / vitesse min.-max., AV/AR / Geschwindigkeit min.-max., vor-/rückwärts km/h: 5–21 / 6

Tire size/Pneumatiques/Bereifung

front / avant / vorn: 6 × 16 rear / arrière / hinten: 11.2 × 24

differential lock / blocage différentiel / Differentialsperre: yes / oui / ja ☐ no / non / nein ☐ ? [X]

Implement attachment/Attelage/Geräteanbau

3-point-hitch / 3 points / Dreipunkt [X] category / catégorie / Kategorie: 1 / special frame / construct. spéciale / Sonderkonstruktion ☐

by hand / manuel / von Hand ☐ hydraulic / hydraulique / hydraulisch [X] lifting capacity / force de levage / Hubkraft daN: ?

Power take-off/Prise(s) de force/Zapfwelle

rear / arrière / hinten ☐ middle / ventrale / mittig ☐ front / avant / vorn ☐

RPM tr/mn U/min

Dimensions/Encombrement/Maße und Gewichte

Width / Largeur mm / Breite: ? ground clearance / garde au sol / Bodenfreiheit mm: 360 wheel base / empattement mm / Radstand: 1780

turning circle / cercle de braquage ∅ mm / Wendekreis: ? wheel track / voie / Spurweite mm: 1560 -

weight / poids à vide / Leergewicht kg: 1185 payload (if platform) / charge utile du plateau / Nutzlast bei Plattform kg:

Safety frame/arceau de protection/Sicherheitsbügel

yes / oui / ja ☐ no / non / nein [X]

Options/Equipement optionnel/Zubehör

Weights / Masses / Ballastgewicht ☐ sun canopy / toit pare-soleil / Sonnendach [*] cabin / cabine / Kabine ☐

belt pulley / poulie / Riemenscheibe ☐ crank handle / manivelle / Handkurbel ☐

Manufacturer offers/Gamme de production du fabricant/Hersteller bietet an

similar model(s) / version(s) similaire(s) / Typ(en) gleicher Bauart kW: -

different model(s) / version(s) différente(s) / Typ(en) anderer Bauart kW: -

Remarks/Remarques/Anmerkungen

wheel track adjustable 1220–1930 mm*

[X] or [no.] = standard, * = optional, ? = not known, 1 daN ≙ 1kg, W = dependent pto, B = with brakes
[X] ou [Nombre] = Standard, * = Options, ? = non connu, 1 daN ≙ 1kg, W = P.d.F. proport. à l'avance., B = avec freins
[X] oder [Zahl] = Standard, * = Sonderausstattung, ? = nicht bekannt, 1 daN ≙ 1kg, W = Wegzapfwelle, B = mit Bremse

Country / Pays / Land: **UNITED KINGDOM**

Manufacturer / Fabricant / Hersteller: **THE UNIVERSITY OF NEWCASTLE UPON TYNE**

Model / Type / Typ: **Centaur (4 × 2)**

Engine/Moteur/Motor

Power: kW (HP) at RPM / Puissance: kW (CH) à tr/mn / Leistung: kW (PS) bei U/min: 9 (12) 2000

SAE ☐ BHP [X] DIN ☐ PTO ☐ ? ☐

Max. torque: Nm at RPM / Couple maxi: Nm à tr/mn / Maximales Drehmoment: Nm bei U/min: ? /

No. of cylinders / Nbre de cylindres / Anzahl der Zylinder: 1

Capacity / Cylindrée / Hubraum cm³: ?

Cooling system / Refroidissement / Kühlung: air / à air / Luft [X] water / à eau / Wasser ☐ ? ☐

Fuel / Carburant / Kraftstoff: diesel / diesel / Diesel [X] gasoline / essence / Benzin ☐ ? ☐

Start / Démarrage / Start: by hand / manuel / von Hand [X] electrical / électrique / elektrisch ☐ ? ☐

Clutch/Embrayage/Kupplung

Disc(s) / Disque(s) / Scheibe(n) ☐ belt / courroie / Riemen [X] hydraulic / hydraulique / hydraulisch ☐ ? ☐

Transmission/Ensemble mécanique/Getriebe

No. of gears forward/reverse / Nombre de vitesses AV/AR / Gänge vor-/rückwärts: 3 / 1

speed min.-max., forward/reverse / vitesse min.-max., AV/AR / Geschwindigkeit min.-max., vor-/rückwärts km/h: 4 – 16 / 4

differential lock / blocage différentiel / Differentialsperre: yes / oui / ja ☐ no / non / nein [X] ? ☐

Tire size/Pneumatiques/Bereifung

front / avant / vorn: 6 × 16 rear / arrière / hinten: 9.5/9 × 24

Implement attachment/Attelage/Geräteanbau

3-point-hitch / 3 points / Dreipunkt [X] category / catégorie / Kategorie: 1 / special frame / construct. spéciale / Sonderkonstruktion ☐

by hand / manuel / von Hand [X] hydraulic / hydraulique / hydraulisch ☐ lifting capacity / force de levage / Hubkraft daN: 100

Power take-off/Prise(s) de force/Zapfwelle

rear / arrière / hinten ☐ middle / ventrale / mittig ☐ front / avant / vorn ☐

RPM tr/mn U/min:

Dimensions/Encombrement/Maße und Gewichte

Width / Largeur / Breite mm: ? ground clearance / garde au sol / Bodenfreiheit mm: 330 wheel base / empattement / Radstand mm: 1830

turning circle / cercle de braquage / Wendekreis ∅ mm: 7770 wheel track / voie / Spurweite mm: 1370 -

weight / poids à vide / Leergewicht kg: 1064 payload (if platform) / charge utile du plateau / Nutzlast bei Plattform kg: 450

Safety frame/arceau de protection/Sicherheitsbügel

yes / oui / ja ☐ no / non / nein [X]

Options/Equipement optionnel/Zubehör

Weights / Masses / Ballastgewicht ☐ sun canopy / toit pare-soleil / Sonnendach ☐ cabin / cabine / Kabine ☐

belt pulley / poulie / Riemenscheibe [X] crank handle / manivelle / Handkurbel ☐

Manufacturer offers/Gamme de production du fabricant/Hersteller bietet an

☐ similar model(s) / version(s) similaire(s) / Typ(en) gleicher Bauart kW: -

☐ different model(s) / version(s) différente(s) / Typ(en) anderer Bauart kW: -

Remarks/Remarques/Anmerkungen

....

[X] or [no.] = standard, ∗ = optional, ? = not known, 1 daN ≙ 1kg, W = dependent pto, B = with brakes

[X] ou [Nombre] = Standard, ∗ = Options, ? = non connu, 1 daN ≙ 1kg, W = P.d.F. proport. à l'avance., B = avec freins

[X] oder [Zahl] = Standard, ∗ = Sonderausstattung, ? = nicht bekannt, 1 daN ≙ 1kg, W = Wegzapfwelle, B = mit Bremse

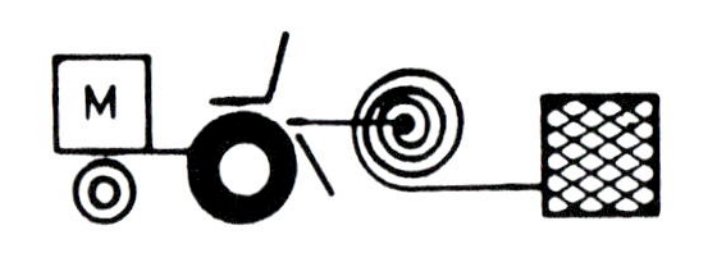

Country / Pays / Land: **UNITED KINGDOM**

Manufacturer / Fabricant / Hersteller: **NCAE**

Model / Type / Typ: **Spider (4 × 2)**

Engine/Moteur/Motor

Power: kW (HP) at RPM / Puissance: kW (CH) à tr/mn / Leistung: kW (PS) bei U/min: [5 (8) 3600]

SAE ☐ BHP ☐ DIN ☐ PTO ☐ ? [X]

Max. torque: Nm at RPM / Couple maxi: Nm à tr/mn / Maximales Drehmoment: Nm bei U/min: [? /]

No. of cylinders / Nbre de cylindres / Anzahl der Zylinder: [1]

Capacity / Cylindrée / Hubraum cm³: [?]

Cooling system / Refroidissement / Kühlung: air / à air / Luft [X] water / à eau / Wasser ☐ ? ☐

Fuel / Carburant / Kraftstoff: diesel / diesel / Diesel [X] gasoline / essence / Benzin ☐ ? ☐

Start / Démarrage / Start: by hand / manuel / von Hand ☐ electrical / électrique / elektrisch ☐ ? [X]

Clutch/Embrayage/Kupplung

Disc(s) / Disque(s) / Scheibe(n) ☐ belt / courroie / Riemen [X] hydraulic / hydraulique / hydraulisch ☐ ? ☐

Transmission/Ensemble mécanique/Getriebe

No. of gears forward/reverse / Nombre de vitesses AV/AR / Gänge vor-/rückwärts: [? /]

speed min.-max., forward/reverse / vitesse min.-max., AV/AR / Geschwindigkeit min.-max., vor-/rückwärts km/h: [3 / 25 /]

differential lock / blocage différentiel / Differentialsperre: yes / oui / ja ☐ no / non / nein ☐ ? ☐

Tire size/Pneumatiques/Bereifung

front / avant / vorn: [5 × 15] rear / arrière / hinten: [7.5 × 16]

Implement attachment/Attelage/Geräteanbau

3-point-hitch / 3 points / Dreipunkt ☐ category / catégorie / Kategorie [/] special frame / construct. spéciale / Sonderkonstruktion ☐

by hand / manuel / von Hand ☐ hydraulic / hydraulique / hydraulisch ☐ lifting capacity / force de levage / Hubkraft daN: [ ]

Power take-off/Prise(s) de force/Zapfwelle

rear / arrière / hinten [1] middle / ventrale / mittig ☐ front / avant / vorn ☐

RPM / tr/mn / U/min: [700]

Dimensions/Encombrement/Maße und Gewichte

Width / Largeur / Breite mm: [?] ground clearance / garde au sol / Bodenfreiheit mm: [280] wheel base / empattement / Radstand mm: [1800]

turning circle / cercle de braquage / Wendekreis ∅ mm: [?] wheel track / voie / Spurweite mm: [1500 -]

weight / poids à vide / Leergewicht kg: [710] payload (if platform) / charge utile du plateau / Nutzlast bei Plattform kg: [300]

Safety frame/arceau de protection/Sicherheitsbügel

yes / oui / ja ☐ no / non / nein ☐

Options/Equipement optionnel/Zubehör

Weights / Masses / Ballastgewicht ☐ sun canopy / toit pare-soleil / Sonnendach ☐ cabin / cabine / Kabine ☐

belt pulley / poulie / Riemenscheibe ☐ crank handle / manivelle / Handkurbel ☐

Manufacturer offers/Gamme de production du fabricant/Hersteller bietet an

[ ] similar model(s) / version(s) similaire(s) / Typ(en) gleicher Bauart [-] kW

[ ] different model(s) / version(s) différente(s) / Typ(en) anderer Bauart [-] kW

Remarks/Remarques/Anmerkungen

tractor with winch

prototype 1977–

[X] or [no.] = standard, ✱ = optional, ? = not known, 1 daN ≙ 1kg, W = dependent pto, B = with brakes
[X] ou [Nombre] = Standard, ✱ = Options, ? = non connu, 1 daN ≙ 1kg, W = P.d.F. proport. à l'avance., B = avec freins
[X] oder [Zahl] = Standard, ✱ = Sonderausstattung, ? = nicht bekannt, 1 daN ≙ 1kg, W = Wegzapfwelle, B = mit Bremse

2.3 Manufacturers of bigger tractors (> 35 hp) in developing countries (selection)

Country	Manufacturer	No. of types	Power (kW)
ARGENTINA	ZANELLO	?	?
BRAZIL	CBT	9	45–82
	FORD	5	46–62
	MASSEY-FERGUSON	13	32–218
	SANTA MATILDE	3	32–57
	VALMET	9	43–101
CHINA (P.R.)	CAMC	5	35–40
INDIA	ESCORTS	1	35
	MAHINDRA & MAHINDRA	3	33–37
	PUNJAB TRACTORS	2	29–40
	TAFE	2	29–33
KOREA (D.R.)	GOLDSTAR	3	31–59
	TONG YANG MOOLSAN	3	28–38
ZIMBABWE	TURNPAN ZIMBABWE	1	30

3 Historical models

– tractors no longer manufactured –

Country / Pays / Land: **AUSTRALIA**

Manufacturer / Fabricant / Hersteller: **HOWARD**

Model / Type / Typ: **Howard 2000 (4 × 2)**

M

Engine/Moteur/Motor

Power: kW (HP) at RPM / Puissance: kW (CH) à tr/mn / Leistung: kW (PS) bei U/min: 5 (7)

SAE ☐ BHP ☐ DIN ☐ PTO ☐ ? ☒

Max. torque: Nm at RPM / Couple maxi: Nm à tr/mn / Maximales Drehmoment: Nm bei U/min: ? /

No. of cylinders / Nbre de cylindres / Anzahl der Zylinder: 1

Capacity / Cylindrée / Hubraum cm^3: ?

Cooling system: / Refroidissement: / Kühlung: air / à air / Luft ☐ water / à eau / Wasser ☐ ? ☒

Fuel: / Carburant: / Kraftstoff: diesel / diesel / Diesel ☒ gasoline / essence / Benzin ☐ ? ☐

Start: / Démarrage: / Start: by hand / manuel / von Hand ☒ electrical / électrique / elektrisch ☐ ? ☐

Clutch/Embrayage/Kupplung

Disc(s) / Disque(s) / Scheibe(n) ☐ belt / courroie / Riemen ☐ hydraulic / hydraulique / hydraulisch ☐ ? ☒

Transmission/Ensemble mécanique/Getriebe

No. of gears forward/reverse / Nombre de vitesses AV/AR / Gänge vor-/rückwärts: 4 / 2

speed min.-max., forward/reverse / vitesse min.-max., AV/AR / Geschwindigkeit min.-max., vor-/rückwärts km/h: 2–9 /

Tire size/Pneumatiques/Bereifung

front / avant / vorn: ? rear / arrière / hinten: ?

differential lock: / blocage différentiel: / Differentialsperre: yes / oui / ja ☐ no / non / nein ☐ ? ☒

Implement attachment/Attelage/Geräteanbau

3-point-hitch / 3 points / Dreipunkt ☐ category / catégorie / Kategorie: / special frame / construct. spéciale / Sonderkonstruktion ☐

by hand / manuel / von Hand ☐ hydraulic / hydraulique / hydraulisch ☐ lifting capacity / force de levage / Hubkraft daN:

Power take-off/Prise(s) de force/Zapfwelle

rear / arrière / hinten: 1 middle / ventrale / mittig ☐ front / avant / vorn ☐

RPM / tr/mn / U/min: 1426

Dimensions/Encombrement/Maße und Gewichte

Width / Largeur mm / Breite: ? ground clearance / garde au sol mm / Bodenfreiheit: ? wheel base / empattement mm / Radstand: ?

turning circle / cercle de braquage ∅ mm / Wendekreis: ? wheel track / voie mm / Spurweite: 200 - 900

weight / poids à vide kg / Leergewicht: 480 payload (if platform) / charge utile du plateau kg / Nutzlast bei Plattform:

Safety frame/arceau de protection/Sicherheitsbügel

yes / oui / ja ☐ no / non / nein ☐

Options/Equipement optionnel/Zubehör

Weights / Masses / Ballastgewicht ☐ sun canopy / toit pare-soleil / Sonnendach ☐ cabin / cabine / Kabine ☐

belt pulley / poulie / Riemenscheibe ☐ crank handle / manivelle / Handkurbel ☐

Manufacturer offers/Gamme de production du fabricant/Hersteller bietet an

similar model(s) / version(s) similaire(s) / Typ(en) gleicher Bauart kW: -

different model(s) / version(s) différente(s) / Typ(en) anderer Bauart kW: -

Remarks/Remarques/Anmerkungen

prototype 1972–1978

☒ or [no.] = standard, * = optional, ? = not known, 1 daN ≙ 1kg, W = dependent pto, B = with brakes
☒ ou [Nombre] = Standard, * = Options, ? = non connu, 1 daN ≙ 1kg, W = P.d.F. proport. à l'avance., B = avec freins
☒ oder [Zahl] = Standard, * = Sonderausstattung, ? = nicht bekannt, 1 daN ≙ 1kg, W = Wegzapfwelle, B = mit Bremse

Country / Pays / Land	FRANCE
Manufacturer / Fabricant / Hersteller	RENAULT
Model / Type / Typ	R 181 (4 × 2)

Engine/Moteur/Motor

Power: kW (HP) at RPM / Puissance: kW (CH) à tr/mn / Leistung: kW (PS) bei U/min: 12 (16) 3000

SAE ☐ BHP ☐ DIN ☐ PTO ☐ ? ☒

Max. torque: Nm at RPM / Couple maxi: Nm à tr/mn / Maximales Drehmoment: Nm bei U/min: ? /

No. of cylinders / Nbre de cylindres / Anzahl der Zylinder: 1

Capacity / Cylindrée / Hubraum: 666 cm³

Cooling system / Refroidissement / Kühlung: air / à air / Luft ☐ water / à eau / Wasser ☐ ? ☒

Fuel / Carburant / Kraftstoff: diesel / diesel / Diesel ☐ gasoline / essence / Benzin ☐ ? ☒

Start / Démarrage / Start: by hand / manuel / von Hand ☒ electrical / électrique / elektrisch ☐ ? ☐

Clutch/Embrayage/Kupplung

Disc(s) / Disque(s) / Scheibe(n): 1 belt / courroie / Riemen ☐ hydraulic / hydraulique / hydraulisch ☐ ? ☐

Transmission/Ensemble mécanique/Getriebe

No. of gears forward/reverse / Nombre de vitesses AV/AR / Gänge vor-/rückwärts: 4 / 2

speed min.-max., forward/reverse / vitesse min.-max., AV/AR / Geschwindigkeit min.-max., vor-/rückwärts: 2 – 16 / km/h

Tire size/Pneumatiques/Bereifung

front / avant / vorn: 4 × 10 rear / arrière / hinten: 6 × 16

differential lock / blocage différentiel / Differentialsperre: yes / oui / ja ☒ no / non / nein ☐ ? ☐

Implement attachment/Attelage/Geräteanbau

3-point-hitch / 3 points / Dreipunkt ☐ category / catégorie / Kategorie: / special frame / construct. spéciale / Sonderkonstruktion ☒

by hand / manuel / von Hand ☒ hydraulic / hydraulique / hydraulisch ☐ lifting capacity / force de levage / Hubkraft: ? daN

Power take-off/Prise(s) de force/Zapfwelle

rear / arrière / hinten: 1 middle / ventrale / mittig ☐ front / avant / vorn ☐

540, 700 RPM / tr/mn / U/min

Dimensions/Encombrement/Maße und Gewichte

Width / Largeur / Breite: ? mm ground clearance / garde au sol / Bodenfreiheit: 260 mm wheel base / empattement / Radstand: ? mm

turning circle / cercle de braquage / Wendekreis: ? ∅ mm wheel track / voie / Spurweite: 810 - mm

weight / poids à vide / Leergewicht: 480 kg payload (if platform) / charge utile du plateau / Nutzlast bei Plattform: kg

Safety frame/arceau de protection/Sicherheitsbügel

yes / oui / ja ☐ no / non / nein ☐

Options/Equipement optionnel/Zubehör

Weights / Masses / Ballastgewicht ☐ sun canopy / toit pare-soleil / Sonnendach ☐ cabin / cabine / Kabine ☐

belt pulley / poulie / Riemenscheibe ☐ crank handle / manivelle / Handkurbel ☐

Manufacturer offers/Gamme de production du fabricant/Hersteller bietet an

similar model(s) / version(s) similaire(s) / Typ(en) gleicher Bauart: - kW

different model(s) / version(s) différente(s) / Typ(en) anderer Bauart: - kW

Remarks/Remarques/Anmerkungen

prototype 1976

☒ or no. = standard, ✲ = optional, ? = not known, 1 daN ≘ 1kg, W = dependent pto, B = with brakes
☒ ou Nombre = Standard, ✲ = Options, ? = non connu, 1 daN ≘ 1kg, W = P.d.F. proport. à l'avance., B = avec freins
☒ oder Zahl = Standard, ✲ = Sonderausstattung, ? = nicht bekannt, 1 daN ≘ 1kg, W = Wegzapfwelle, B = mit Bremse

Country / Pays / Land	**GERMANY (F.R.)**
Manufacturer / Fabricant / Hersteller	**KLÖCKNER HUMBOLDT DEUTZ AG**
Model / Type / Typ	**D 4006 (4 × 2)**

Engine/Moteur/Motor

Power: kW (HP) at RPM / Puissance: kW (CH) à tr/mn / Leistung: kW (PS) bei U/min: 26 (35) 2150

SAE ☐ BHP ☐ DIN ☒ PTO ☐ ? ☐

Max. torque: Nm at RPM / Couple maxi: Nm à tr/mn / Maximales Drehmoment: Nm bei U/min: ? /

No. of cylinders / Nbre de cylindres / Anzahl der Zylinder: 3

Capacity / Cylindrée / Hubraum: 2826 cm^3

Cooling system / Refroidissement / Kühlung: air / à air / Luft ☒ water / à eau / Wasser ☐ ? ☐

Fuel / Carburant / Kraftstoff: diesel / diesel / Diesel ☒ gasoline / essence / Benzin ☐ ? ☐

Start / Démarrage / Start: by hand / manuel / von Hand ☐ electrical / électrique / elektrisch ☒ ? ☐

Clutch/Embrayage/Kupplung

Disc(s) / Disque(s) / Scheibe(n): 2 belt / courroie / Riemen ☐ hydraulic / hydraulique / hydraulisch ☐ ? ☐

Transmission/Ensemble mécanique/Getriebe

No. of gears forward/reverse / Nombre de vitesses AV/AR / Gänge vor-/rückwärts: 8 / 2

speed min.-max., forward/reverse / vitesse min.-max., AV/AR / Geschwindigkeit min.-max., vor-/rückwärts: 2–25 / 2–12 km/h

differential lock / blocage différentiel / Differentialsperre: yes / oui / ja ☒ no / non / nein ☐ ? ☐

Tire size/Pneumatiques/Bereifung

front / avant / vorn: 6.5 × 16 rear / arrière / hinten: 12.4/11 × 32

Implement attachment/Attelage/Geräteanbau

3-point-hitch / 3 points / Dreipunkt ☒ category / catégorie / Kategorie: 1 / special frame / construct. spéciale / Sonderkonstruktion ☐

by hand / manuel / von Hand ☐ hydraulic / hydraulique / hydraulisch ☒ lifting capacity / force de levage / Hubkraft: 1462 daN

Power take-off/Prise(s) de force/Zapfwelle

rear / arrière / hinten: 1 middle / ventrale / mittig ☐ front / avant / vorn ☐

540 RPM tr/mn U/min

Dimensions/Encombrement/Maße und Gewichte

Width / Largeur / Breite: 1280 mm ground clearance / garde au sol / Bodenfreiheit: ? mm wheel base / empattement / Radstand: 2000 mm

turning circle / cercle de braquage / Wendekreis: 7600 ∅ mm wheel track / voie / Spurweite: 1220 - 1730 mm

weight / poids à vide / Leergewicht: 1817 kg payload (if platform) / charge utile du plateau / Nutzlast bei Plattform: kg

Safety frame/arceau de protection/Sicherheitsbügel

yes / oui / ja ☐ no / non / nein ☐

Options/Equipement optionnel/Zubehör

Weights / Masses / Ballastgewicht ☐ sun canopy / toit pare-soleil / Sonnendach ☐ cabin / cabine / Kabine ☐

belt pulley / poulie / Riemenscheibe ☐ crank handle / manivelle / Handkurbel ☐

Manufacturer offers/Gamme de production du fabricant/Hersteller bietet an

similar model(s) / version(s) similaire(s) / Typ(en) gleicher Bauart: - kW

different model(s) / version(s) différente(s) / Typ(en) anderer Bauart: - kW

Remarks/Remarques/Anmerkungen

prototype 1976-1980

☒ or no. = standard, * = optional, ? = not known, 1 daN ≙ 1kg, W = dependent pto, B = with brakes
☒ ou Nombre = Standard, * = Options, ? = non connu, 1 daN ≙ 1kg, W = P.d.F. proport. à l'avance., B = avec freins
☒ oder Zahl = Standard, * = Sonderausstattung, ? = nicht bekannt, 1 daN ≙ 1kg, W = Wegzapfwelle, B = mit Bremse

Country / Pays / Land	**GERMANY (F.R.)**
Manufacturer / Fabricant / Hersteller	**GUTBROD**
Model / Type / Typ	**2600 A / SSFT (4 × 2)**

Engine/Moteur/Motor

Power: kW (HP) at RPM / Puissance: kW (CH) à tr/mn / Leistung: kW (PS) bei U/min: 16 (22) 2900

SAE ☐ BHP ☐ DIN ☐ PTO ☐ ? ☒

Max. torque: Nm at RPM / Couple maxi: Nm à tr/mn / Maximales Drehmoment: Nm bei U/min: ? /

No. of cylinders / Nbre de cylindres / Anzahl der Zylinder: 2

Capacity / Cylindrée / Hubraum: 743 cm^3

Cooling system / Refroidissement / Kühlung: air / à air / Luft ☐ water / à eau / Wasser ☐ ? ☒

Fuel / Carburant / Kraftstoff: diesel / diesel / Diesel ☒ gasoline / essence / Benzin ☐ ? ☐

Start / Démarrage / Start: by hand / manuel / von Hand ☐ electrical / électrique / elektrisch ☒ ? ☐

Clutch/Embrayage/Kupplung

Disc(s) / Disque(s) / Scheibe(n): 1 belt / courroie / Riemen ☐ hydraulic / hydraulique / hydraulisch ☐ ? ☐

Transmission/Ensemble mécanique/Getriebe

No. of gears forward/reverse / Nombre de vitesses AV/AR / Gänge vor-/rückwärts: 4 / 1

speed min.-max., forward/reverse / vitesse min.-max., AV/AR / Geschwindigkeit min.-max., vor-/rückwärts: ? / km/h

Tire size/Pneumatiques/Bereifung

front / avant / vorn: 4 × 12 rear / arrière / hinten: 7.5 × 15

differential lock / blocage différentiel / Differentialsperre: yes / oui / ja ☐ no / non / nein ☐ ? ☒

Implement attachment/Attelage/Geräteanbau

3-point-hitch / 3 points / Dreipunkt ☒ category / catégorie / Kategorie: / special frame / construct. spéciale / Sonderkonstruktion ☐

by hand / manuel / von Hand ☐ hydraulic / hydraulique / hydraulisch ☒ lifting capacity / force de levage / Hubkraft: ? daN

Power take-off/Prise(s) de force/Zapfwelle

rear / arrière / hinten: 1 middle / ventrale / mittig ☐ front / avant / vorn ☐

1000 RPM tr/mn U/min

Dimensions/Encombrement/Maße und Gewichte

Width / Largeur / Breite: ? mm ground clearance / garde au sol / Bodenfreiheit: 260 mm wheel base / empattement / Radstand: ? mm

turning circle / cercle de braquage / Wendekreis: 5600 ∅ mm wheel track / voie / Spurweite: 920 - 1120 mm

weight / poids à vide / Leergewicht: 610 kg payload (if platform) / charge utile du plateau / Nutzlast bei Plattform: kg

Safety frame/arceau de protection/Sicherheitsbügel

yes / oui / ja ☐ no / non / nein ☐

Options/Equipement optionnel/Zubehör

Weights / Masses / Ballastgewicht ☐ sun canopy / toit pare-soleil / Sonnendach ☐ cabin / cabine / Kabine ☐

belt pulley / poulie / Riemenscheibe ☐ crank handle / manivelle / Handkurbel ☐

Manufacturer offers/Gamme de production du fabricant/Hersteller bietet an

similar model(s) / version(s) similaire(s) / Typ(en) gleicher Bauart: - kW

different model(s) / version(s) différente(s) / Typ(en) anderer Bauart: - kW

Remarks/Remarques/Anmerkungen

prototype 1978–1980

☒ or [no.] = standard, ✱ = optional, ? = not known, 1 daN ≅ 1kg, W = dependent pto, B = with brakes
☒ ou [Nombre] = Standard, ✱ = Options, ? = non connu, 1 daN ≅ 1kg, W = P.d.F. proport. à l'avance., B = avec freins
☒ oder [Zahl] = Standard, ✱ = Sonderausstattung, ? = nicht bekannt, 1 daN ≅ 1kg, W = Wegzapfwelle, B = mit Bremse

Country / Pays / Land: **ITALY**

Manufacturer / Fabricant / Hersteller: **GOLDONI**

Model / Type / Typ: **Goldoni I (4 × 2)**

M

Engine/Moteur/Motor

Power: kW (HP) at RPM / Puissance: kW (CH) à tr/mn / Leistung: kW (PS) bei U/min: 13 (17) 2800

SAE [ ] BHP [ ] DIN [ ] PTO [ ] ? [X]

Max. torque: Nm at RPM / Couple maxi: Nm à tr/mn / Maximales Drehmoment: Nm bei U/min: 50 / 1800

No. of cylinders / Nbre de cylindres / Anzahl der Zylinder: 1

Capacity / Cylindrée / Hubraum cm³: 817

Cooling system / Refroidissement / Kühlung: air / à air / Luft [X] water / à eau / Wasser [ ] ? [ ]

Fuel / Carburant / Kraftstoff: diesel / diesel / Diesel [X] gasoline / essence / Benzin [ ] ? [ ]

Start / Démarrage / Start: by hand / manuel / von Hand [X] electrical / électrique / elektrisch [ ] ? [ ]

Clutch/Embrayage/Kupplung

Disc(s) / Disque(s) / Scheibe(n) [1] belt / courroie / Riemen [ ] hydraulic / hydraulique / hydraulisch [ ] ? [ ]

Transmission/Ensemble mécanique/Getriebe

No. of gears forward/reverse / Nombre de vitesses AV/AR / Gänge vor-/rückwärts: 6 / 3

speed min.-max., forward/reverse / vitesse min.-max., AV/AR / Geschwindigkeit min.-max., vor-/rückwärts km/h: 1 – 22 /

Tire size/Pneumatiques/Bereifung

front / avant / vorn: 5 × 15 rear / arrière / hinten: 9.5 × 20

differential lock / blocage différentiel / Differentialsperre: yes / oui / ja [X] no / non / nein [ ] ? [ ]

Implement attachment/Attelage/Geräteanbau

3-point-hitch / 3 points / Dreipunkt [ ] category / catégorie / Kategorie [/] special frame / construct. spéciale / Sonderkonstruktion [ ]

by hand / manuel / von Hand [ ] hydraulic / hydraulique / hydraulisch [ ] lifting capacity / force de levage / Hubkraft daN: [ ]

Power take-off/Prise(s) de force/Zapfwelle

rear / arrière / hinten [1] middle / ventrale / mittig [ ] front / avant / vorn [ ]

540 RPM tr/mn U/min

Dimensions/Encombrement/Maße und Gewichte

Width / Largeur mm / Breite: 1250 ground clearance / garde au sol / Bodenfreiheit mm: ? wheel base / empattement mm / Radstand: 1500

turning circle / cercle de braquage ∅ mm / Wendekreis: ? wheel track / voie / Spurweite mm: ? -

weight / poids à vide / Leergewicht kg: 820 payload (if platform) / charge utile du plateau / Nutzlast bei Plattform kg: [ ]

Safety frame/arceau de protection/Sicherheitsbügel

yes / oui / ja [ ] no / non / nein [ ]

Options/Equipement optionnel/Zubehör

Weights / Masses / Ballastgewicht [ ] sun canopy / toit pare-soleil / Sonnendach [ ] cabin / cabine / Kabine [ ]

belt pulley / poulie / Riemenscheibe [ ] crank handle / manivelle / Handkurbel [ ]

Manufacturer offers/Gamme de production du fabricant/Hersteller bietet an

[ ] similar model(s) / version(s) similaire(s) / Typ(en) gleicher Bauart kW: -

[ ] different model(s) / version(s) différente(s) / Typ(en) anderer Bauart kW: -

Remarks/Remarques/Anmerkungen

one of two similiar prototypes

developped by University of Milano, 1978

[X] or [no.] = standard, * = optional, ? = not known, 1 daN ≙ 1kg, W = dependent pto, B = with brakes
[X] ou [Nombre] = Standard, * = Options, ? = non connu, 1 daN ≙ 1kg, W = P.d.F. proport. à l'avance., B = avec freins
[X] oder [Zahl] = Standard, * = Sonderausstattung, ? = nicht bekannt, 1 daN ≙ 1kg, W = Wegzapfwelle, B = mit Bremse

Country / Pays / Land: **TURKEY**

Manufacturer / Fabricant / Hersteller: **BMC SANAYI VE TICARET AS**

Model / Type / Typ: **Leyland 184 (4 × 2)**

Engine/Moteur/Motor

Power: kW (HP) at RPM / Puissance: kW (CH) à tr/mn / Leistung: kW (PS) bei U/min: 22 (30) 2500

SAE [ ] BHP [X] DIN [ ] PTO [ ] ? [ ]

Max. torque: Nm at RPM / Couple maxi: Nm à tr/mn / Maximales Drehmoment: Nm bei U/min: 112,5 / 1300

No. of cylinders / Nbre de cylindres / Anzahl der Zylinder: 4

Capacity / Cylindrée / Hubraum cm^3: 1798

Cooling system / Refroidissement / Kühlung: air / à air / Luft [ ] water / à eau / Wasser [ ] ? [X]

Fuel / Carburant / Kraftstoff: diesel / diesel / Diesel [X] gasoline / essence / Benzin [ ] ? [ ]

Start / Démarrage / Start: by hand / manuel / von Hand [ ] electrical / électrique / elektrisch [X] ? [ ]

Clutch/Embrayage/Kupplung

Disc(s) / Disque(s) / Scheibe(n) [1] belt / courroie / Riemen [ ] hydraulic / hydraulique / hydraulisch [ ] ? [ ]

Transmission/Ensemble mécanique/Getriebe

No. of gears forward/reverse / Nombre de vitesses AV/AR / Gänge vor-/rückwärts: 9 / 3

speed min.-max., forward/reverse / vitesse min.-max., AV/AR / Geschwindigkeit min.-max., vor-/rückwärts km/h: /

Tire size/Pneumatiques/Bereifung

front / avant / vorn: 5.5 × 16 rear / arrière / hinten: 11 × 24

differential lock / blocage différentiel / Differentialsperre: yes / oui / ja [X] no / non / nein [ ] ? [ ]

Implement attachment/Attelage/Geräteanbau

3-point-hitch / 3 points / Dreipunkt [X] category / catégorie / Kategorie: / special frame / construct. spéciale / Sonderkonstruktion [ ]

by hand / manuel / von Hand [ ] hydraulic / hydraulique / hydraulisch [X] lifting capacity / force de levage / Hubkraft daN: 1300

Power take-off/Prise(s) de force/Zapfwelle

rear / arrière / hinten [1] middle / ventrale / mittig [ ] front / avant / vorn [ ]

540, 1000 RPM tr/mn U/min

Dimensions/Encombrement/Maße und Gewichte

Width / Largeur / Breite mm: 1626 ground clearance / garde au sol / Bodenfreiheit mm: ? wheel base / empattement / Radstand mm: 1715

turning circle / cercle de braquage / Wendekreis ∅ mm: ? wheel track / voie / Spurweite mm: 1120 - 1830

weight / poids à vide / Leergewicht kg: 1360 payload (if platform) / charge utile du plateau / Nutzlast bei Plattform kg:

Safety frame/arceau de protection/Sicherheitsbügel

yes / oui / ja [ ] no / non / nein [X]

Options/Equipement optionnel/Zubehör

Weights / Masses / Ballastgewicht [ ] sun canopy / toit pare-soleil / Sonnendach [ ] cabin / cabine / Kabine [ ]

belt pulley / poulie / Riemenscheibe [X] crank handle / manivelle / Handkurbel [ ]

Manufacturer offers/Gamme de production du fabricant/Hersteller bietet an

[ ] similar model(s) / version(s) similaire(s) / Typ(en) gleicher Bauart kW: -

[ ] different model(s) / version(s) différente(s) / Typ(en) anderer Bauart kW: -

Remarks/Remarques/Anmerkungen

manufactured until 1986 under licence of British Leyland

[X] or [no.] = standard, * = optional, ? = not known, 1 daN ≙ 1kg, W = dependent pto, B = with brakes
[X] ou [Nombre] = Standard, * = Options, ? = non connu, 1 daN ≙ 1kg, W = P.d.F. proport. à l'avance., B = avec freins
[X] oder [Zahl] = Standard, * = Sonderausstattung, ? = nicht bekannt, 1 daN ≙ 1kg, W = Wegzapfwelle, B = mit Bremse

Country / Pays / Land: **UGANDA**

Manufacturer / Fabricant / Hersteller: **MAKERE UNIVERSITY**

Model / Type / Typ: **Kabanyolo MK V (4 × 2)**

Engine/Moteur/Motor

Power: kW (HP) at RPM / Puissance: kW (CH) à tr/mn / Leistung: kW (PS) bei U/min: 10 (14) 3600

SAE ☐ BHP ☐ DIN ☐ PTO ☐ ? [X]

Max. torque: Nm at RPM / Couple maxi: Nm à tr/mn / Maximales Drehmoment: Nm bei U/min: ? /

No. of cylinders / Nbre de cylindres / Anzahl der Zylinder: 1

Capacity / Cylindrée / Hubraum cm³: ?

Cooling system / Refroidissement / Kühlung: air / à air / Luft [X] water / à eau / Wasser ☐ ? ☐

Fuel / Carburant / Kraftstoff: diesel / diesel / Diesel ☐ gasoline / essence / Benzin [X] ? ☐

Start / Démarrage / Start: by hand / manuel / von Hand [X] electrical / électrique / elektrisch ☐ ? ☐

Clutch/Embrayage/Kupplung

Disc(s) / Disque(s) / Scheibe(n) ☐ belt / courroie / Riemen [X] hydraulic / hydraulique / hydraulisch ☐ ? ☐

Transmission/Ensemble mécanique/Getriebe

No. of gears forward/reverse / Nombre de vitesses AV/AR / Gänge vor-/rückwärts: 6 / 2

speed min.-max., forward/reverse / vitesse min.-max., AV/AR / Geschwindigkeit min.-max., vor-/rückwärts km/h: 2–29 / ?

Tire size/Pneumatiques/Bereifung

front / avant / vorn: 4 × 12 rear / arrière / hinten: 7 × 16

differential lock / blocage différentiel / Differentialsperre: yes / oui / ja ☐ no / non / nein ☐ ? [X]

Implement attachment/Attelage/Geräteanbau

3-point-hitch / 3 points / Dreipunkt [X] category / catégorie / Kategorie: / special frame / construct. spéciale / Sonderkonstruktion ☐

by hand / manuel / von Hand [X] hydraulic / hydraulique / hydraulisch ☐ lifting capacity / force de levage / Hubkraft daN: ?

Power take-off/Prise(s) de force/Zapfwelle

rear / arrière / hinten ☐ middle / ventrale / mittig ☐ front / avant / vorn ☐

RPM tr/mn U/min:

Dimensions/Encombrement/Maße und Gewichte

Width / Largeur / Breite mm: 1440 ground clearance / garde au sol / Bodenfreiheit mm: 380 wheel base / empattement / Radstand mm: 1410

turning circle / cercle de braquage / Wendekreis ∅ mm: ? wheel track / voie / Spurweite mm: 1230 -

weight / poids à vide / Leergewicht kg: 525 payload (if platform) / charge utile du plateau / Nutzlast bei Plattform kg:

Safety frame/arceau de protection/Sicherheitsbügel

yes / oui / ja ☐ no / non / nein ☐

Options/Equipement optionnel/Zubehör

Weights / Masses / Ballastgewicht ☐ sun canopy / toit pare-soleil / Sonnendach ☐ cabin / cabine / Kabine ☐

belt pulley / poulie / Riemenscheibe ☐ crank handle / manivelle / Handkurbel ☐

Manufacturer offers/Gamme de production du fabricant/Hersteller bietet an

similar model(s) / version(s) similaire(s) / Typ(en) gleicher Bauart kW: -

different model(s) / version(s) différente(s) / Typ(en) anderer Bauart kW: -

Remarks/Remarques/Anmerkungen

prototype 1960-1972

[X] or [no.] = standard, ✻ = optional, ? = not known, 1 daN ≙ 1kg, W = dependent pto, B = with brakes
[X] ou [Nombre] = Standard, ✻ = Options, ? = non connu, 1 daN ≙ 1kg, W = P.d.F. proport. à l'avance., B = avec freins
[X] oder [Zahl] = Standard, ✻ = Sonderausstattung, ? = nicht bekannt, 1 daN ≙ 1kg, W = Wegzapfwelle, B = mit Bremse

Country / Pays / Land	CÔTE D'IVOIRE
Manufacturer / Fabricant / Hersteller	CINAM
Model / Type / Typ	Pangolin (4 × 4)

Engine/Moteur/Motor

Power: kW (HP) at RPM / Puissance: kW (CH) à tr/mn / Leistung: kW (PS) bei U/min: 11 (15) 3000

SAE ☐ BHP ☐ DIN ☐ PTO ☐ ? ☒

Max. torque: Nm at RPM / Couple maxi: Nm à tr/mn / Maximales Drehmoment: Nm bei U/min: ? /

No. of cylinders / Nbre de cylindres / Anzahl der Zylinder: 1

Capacity / Cylindrée / Hubraum cm³: ?

Cooling system / Refroidissement / Kühlung: air / à air / Luft ☒ water / à eau / Wasser ☐ ? ☐

Fuel / Carburant / Kraftstoff: diesel / diesel / Diesel ☒ gasoline / essence / Benzin ☐ ? ☐

Start / Démarrage / Start: by hand / manuel / von Hand ☒ electrical / électrique / elektrisch ☐ ? ☐

Clutch/Embrayage/Kupplung

Disc(s) / Disque(s) / Scheibe(n) 1 belt / courroie / Riemen ☐ hydraulic / hydraulique / hydraulisch ☐ ? ☐

Transmission/Ensemble mécanique/Getriebe

No. of gears forward/reverse / Nombre de vitesses AV/AR / Gänge vor-/rückwärts: 4 / 1

speed min.-max., forward/reverse / vitesse min.-max., AV/AR / Geschwindigkeit min.-max., vor-/rückwärts km/h: 2 – 14 /

differential lock / blocage différentiel / Differentialsperre: yes / oui / ja ☐ no / non / nein ☒ ? ☐

Tire size/Pneumatiques/Bereifung

front / avant / vorn: 7 × 16 rear / arrière / hinten: 7 × 16

Implement attachment/Attelage/Geräteanbau

3-point-hitch / 3 points / Dreipunkt ☐ category / catégorie / Kategorie: / special frame / construct. spéciale / Sonderkonstruktion ☐

by hand / manuel / von Hand ☐ hydraulic / hydraulique / hydraulisch ☐ lifting capacity / force de levage / Hubkraft daN:

Power take-off/Prise(s) de force/Zapfwelle

rear / arrière / hinten ☐ middle / ventrale / mittig ☐ front / avant / vorn ☐

RPM tr/mn U/min:

Dimensions/Encombrement/Maße und Gewichte

Width / Largeur mm / Breite: 1240 ground clearance / garde au sol / Bodenfreiheit mm: 380 wheel base / empattement mm / Radstand: 700

turning circle / cercle de braquage ∅ mm / Wendekreis: ? wheel track / voie / Spurweite mm: 1000 -

weight / poids à vide / Leergewicht kg: 600 payload (if platform) / charge utile du plateau / Nutzlast bei Plattform kg:

Safety frame/arceau de protection/Sicherheitsbügel

yes / oui / ja ☐ no / non / nein ☐

Options/Equipement optionnel/Zubehör

Weights / Masses / Ballastgewicht ☐ sun canopy / toit pare-soleil / Sonnendach ☐ cabin / cabine / Kabine ☐

belt pulley / poulie / Riemenscheibe ☐ crank handle / manivelle / Handkurbel ☐

Manufacturer offers/Gamme de production du fabricant/Hersteller bietet an

similar model(s) / version(s) similaire(s) / Typ(en) gleicher Bauart kW: -

different model(s) / version(s) différente(s) / Typ(en) anderer Bauart kW: -

Remarks/Remarques/Anmerkungen

prototype 1974–1977, 1987

☒ or [no.] = standard, * = optional, ? = not known, 1 daN ≙ 1kg, W = dependent pto, B = with brakes
☒ ou [Nombre] = Standard, * = Options, ? = non connu, 1 daN ≙ 1kg, W = P.d.F. proport. à l'avance., B = avec freins
☒ oder [Zahl] = Standard, * = Sonderausstattung, ? = nicht bekannt, 1 daN ≙ 1kg, W = Wegzapfwelle, B = mit Bremse

Country / Pays / Land: **CÔTE D'IVOIRE**

Manufacturer / Fabricant / Hersteller: **AFCOM**

Model / Type / Typ: **Afcom (4 × 2)**

M

Engine/Moteur/Motor

Power: kW (HP) at RPM / Puissance: kW (CH) à tr/mn / Leistung: kW (PS) bei U/min: 11 (15)

SAE ☐ BHP ☐ DIN ☐ PTO ☐ ? [X]

Max. torque: Nm at RPM / Couple maxi: Nm à tr/mn / Maximales Drehmoment: Nm bei U/min: ? /

No. of cylinders / Nbre de cylindres / Anzahl der Zylinder: 2

Capacity / Cylindrée / Hubraum cm³: ?

Cooling system / Refroidissement / Kühlung: air / à air / Luft [X] water / à eau / Wasser ☐ ? ☐

Fuel / Carburant / Kraftstoff: diesel / diesel / Diesel [X] gasoline / essence / Benzin ☐ ? ☐

Start / Démarrage / Start: by hand / manuel / von Hand [X] electrical / électrique / elektrisch [*] ? ☐

Clutch/Embrayage/Kupplung

Disc(s) / Disque(s) / Scheibe(n) ☐ belt / courroie / Riemen ☐ hydraulic / hydraulique / hydraulisch [X] ? ☐

Transmission/Ensemble mécanique/Getriebe

No. of gears forward/reverse / Nombre de vitesses AV/AR / Gänge vor-/rückwärts: hydr. + 4

speed min.-max., forward/reverse / vitesse min.-max., AV/AR / Geschwindigkeit min.-max., vor-/rückwärts km/h: 4 – 13 / ?

Tire size/Pneumatiques/Bereifung

front / avant / vorn: 6 × 16 rear / arrière / hinten: 7.5 × 18

differential lock / blocage différentiel / Differentialsperre: yes / oui / ja ☐ no / non / nein ☐ ? [X]

Implement attachment/Attelage/Geräteanbau

3-point-hitch / 3 points / Dreipunkt ☐ category / catégorie / Kategorie: / special frame / construct. spéciale / Sonderkonstruktion ☐

by hand / manuel / von Hand ☐ hydraulic / hydraulique / hydraulisch ☐ lifting capacity / force de levage / Hubkraft daN:

Power take-off/Prise(s) de force/Zapfwelle

rear / arrière / hinten [1] middle / ventrale / mittig ☐ front / avant / vorn ☐

540 RPM tr/mn U/min

Dimensions/Encombrement/Maße und Gewichte

Width / Largeur mm / Breite: 870 ground clearance / garde au sol / Bodenfreiheit mm: 550 wheel base / empattement mm / Radstand: 1750

turning circle / cercle de braquage ∅ mm / Wendekreis: ? wheel track / voie mm / Spurweite: 1600 -

weight / poids à vide kg / Leergewicht: 870 payload (if platform) / charge utile du plateau kg / Nutzlast bei Plattform: 900

Safety frame/arceau de protection/Sicherheitsbügel

yes / oui / ja ☐ no / non / nein ☐

Options/Equipement optionnel/Zubehör

Weights / Masses / Ballastgewicht ☐ sun canopy / toit pare-soleil / Sonnendach ☐ cabin / cabine / Kabine ☐

belt pulley / poulie / Riemenscheibe ☐ crank handle / manivelle / Handkurbel ☐

Manufacturer offers/Gamme de production du fabricant/Hersteller bietet an

similar model(s) / version(s) similaire(s) / Typ(en) gleicher Bauart: - kW

different model(s) / version(s) différente(s) / Typ(en) anderer Bauart: - kW

Remarks/Remarques/Anmerkungen

prototype 1977

[X] or [no.] = standard, * = optional, ? = not known, 1 daN ≘ 1kg, W = dependent pto, B = with brakes
[X] ou [Nombre] = Standard, * = Options, ? = non connu, 1 daN ≘ 1kg, W = P.d.F. proport. à l'avance., B = avec freins
[X] oder [Zahl] = Standard, * = Sonderausstattung, ? = nicht bekannt, 1 daN ≘ 1kg, W = Wegzapfwelle, B = mit Bremse

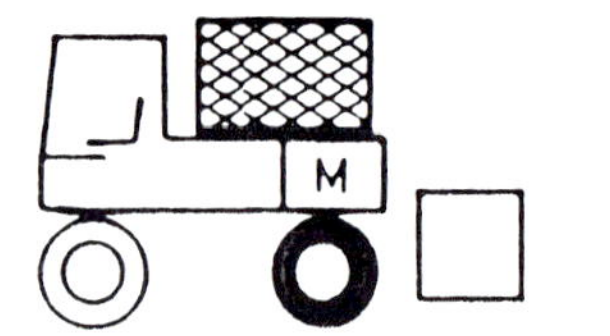

Country / Pays / Land: **GERMANY (F.R.)**

Manufacturer / Fabricant / Hersteller: **ATW**

Model / Type / Typ: **Chico (4 × 2)**

Engine/Moteur/Motor

Power: kW (HP) at RPM / Puissance: kW (CH) à tr/mn / Leistung: kW (PS) bei U/min: 26 (35) 3000

SAE ☐ BHP ☐ DIN ☐ PTO ☐ ? [X]

Max. torque: Nm at RPM / Couple maxi: Nm à tr/mn / Maximales Drehmoment: Nm bei U/min: ? /

No. of cylinders / Nbre de cylindres / Anzahl der Zylinder: 2

Capacity / Cylindrée / Hubraum cm³: 1648

Cooling system / Refroidissement / Kühlung: air / à air / Luft [X] water / à eau / Wasser ☐ ? ☐

Fuel / Carburant / Kraftstoff: diesel / diesel / Diesel [X] gasoline / essence / Benzin ☐ ? ☐

Start / Démarrage / Start: by hand / manuel / von Hand ☐ electrical / électrique / elektrisch [X] ? ☐

Clutch/Embrayage/Kupplung

Disc(s) / Disque(s) / Scheibe(n) [1] belt / courroie / Riemen ☐ hydraulic / hydraulique / hydraulisch ☐ ? ☐

Transmission/Ensemble mécanique/Getriebe

No. of gears forward/reverse / Nombre de vitesses AV/AR / Gänge vor-/rückwärts: 8 / 2

speed min.-max., forward/reverse / vitesse min.-max., AV/AR / Geschwindigkeit min.-max., vor-/rückwärts km/h: – 65 / ?

Tire size/Pneumatiques/Bereifung

front / avant / vorn: 20.5 × 16 rear / arrière / hinten: 7.5 × 16

differential lock / blocage différentiel / Differentialsperre: yes / oui / ja [X] no / non / nein ☐ ? ☐

Implement attachment/Attelage/Geräteanbau

3-point-hitch / 3 points / Dreipunkt [*] category / catégorie / Kategorie: 1 / special frame / construct. spéciale / Sonderkonstruktion ☐

by hand / manuel / von Hand ☐ hydraulic / hydraulique / hydraulisch [*] lifting capacity / force de levage / Hubkraft daN: ?

Power take-off/Prise(s) de force/Zapfwelle

rear / arrière / hinten [*] middle / ventrale / mittig ☐ front / avant / vorn ☐

? RPM tr/mn U/min

Dimensions/Encombrement/Maße und Gewichte

Width / Largeur mm / Breite: 1720 ground clearance / garde au sol mm / Bodenfreiheit: 380 wheel base / empattement mm / Radstand: 2519

turning circle / cercle de braquage ∅ mm / Wendekreis: 10000 wheel track / voie mm / Spurweite: 1500 -

weight / poids à vide kg / Leergewicht: 1500 payload (if platform) / charge utile du plateau kg / Nutzlast bei Plattform: 1000

Safety frame/arceau de protection/Sicherheitsbügel

yes / oui / ja [*] no / non / nein ☐

Options/Equipement optionnel/Zubehör

Weights / Masses / Ballastgewicht ☐ sun canopy / toit pare-soleil / Sonnendach ☐ cabin / cabine / Kabine ☐

belt pulley / poulie / Riemenscheibe ☐ crank handle / manivelle / Handkurbel ☐

Manufacturer offers/Gamme de production du fabricant/Hersteller bietet an

☐ similar model(s) / version(s) similaire(s) / Typ(en) gleicher Bauart kW: -

☐ different model(s) / version(s) différente(s) / Typ(en) anderer Bauart kW: -

Remarks/Remarques/Anmerkungen

manufactured until 1985

[X] or [no.] = standard, * = optional, ? = not known, 1 daN ≈ 1kg, W = dependent pto, B = with brakes
[X] ou [Nombre] = Standard, * = Options, ? = non connu, 1 daN ≈ 1kg, W = P.d.F. proport. à l'avance., B = avec freins
[X] oder [Zahl] = Standard, * = Sonderausstattung, ? = nicht bekannt, 1 daN ≈ 1kg, W = Wegzapfwelle, B = mit Bremse

ountry / ays / and: **SWAZILAND**

anufacturer / abricant / ersteller: **NIDCS**

odel / ype / yp: **Tinkabi T 172 (4 × 2)**

ngine/Moteur/Motor

ower: kW (HP) at RPM / uissance: kW (CH) à tr/mn / eistung: kW (PS) bei U/min	12 (16) 2000
AE ☐ BHP ☐ DIN ☐ PTO ☐ ? ☒	
ax. torque: Nm at RPM / Couple maxi: Nm à tr/mn / Maximales Drehmoment: Nm bei U/min	73 / 1500
o. of cylinders / bre de cylindres / Anzahl der Zylinder	2
Capacity / Cylindrée / Hubraum cm³	1318
Cooling system / Refroidissement / Kühlung	air / à air / Luft ☒ — water / à eau / Wasser ☐ — ? ☐
Fuel / Carburant / Kraftstoff	diesel / diesel / Diesel ☒ — gasoline / essence / Benzin ☐ — ? ☐
Start / Démarrage / Start	by hand / manuel / von Hand ☐ — electrical / électrique / elektrisch ☒ — ? ☐

Clutch/Embrayage/Kupplung

Disc(s) / Disque(s) / Scheibe(n) ☐ — belt / courroie / Riemen ☐ — hydraulic / hydraulique / hydraulisch ☒ — ? ☐

Transmission/Ensemble mécanique/Getriebe

No. of gears forward/reverse / Nombre de vitesses AV/AR / Gänge vor-/rückwärts	hydr.
speed min.-max., forward/reverse / vitesse min.-max., AV/AR / Geschwindigkeit min.-max., vor-/rückwärts (km/h)	0–12 / 0–12
differential lock / blocage différentiel / Differentialsperre	yes / oui / ja ☐ — no / non / nein ☒ — ? ☐

Tire size/Pneumatiques/Bereifung

front / avant / vorn: 5 × 15 — rear / arrière / hinten: 6 × 14

Implement attachment/Attelage/Geräteanbau

3-point-hitch / 3 points / Dreipunkt ☒ — category / catégorie / Kategorie: / — special frame / construct. spéciale / Sonderkonstruktion ☒

by hand / manuel / von Hand ☒ — hydraulic / hydraulique / hydraulisch ☐ — lifting capacity / force de levage / Hubkraft (daN): ?

Power take-off/Prise(s) de force/Zapfwelle

rear / arrière / hinten ☐ — middle / ventrale / mittig ☐ — front / avant / vorn ☐

RPM / tr/mn / U/min: —

Dimensions/Encombrement/Maße und Gewichte

Width / Largeur / Breite (mm)	2000
ground clearance / garde au sol / Bodenfreiheit (mm)	650
wheel base / empattement / Radstand (mm)	2100
turning circle / cercle de braquage / Wendekreis (∅ mm)	?
wheel track / voie / Spurweite (mm)	1800 -
weight / poids à vide / Leergewicht (kg)	1050
payload (if platform) / charge utile du plateau / Nutzlast bei Plattform (kg)	500

Safety frame/arceau de protection/Sicherheitsbügel

yes / oui / ja ☐ — no / non / nein ☒

Options/Equipement optionnel/Zubehör

Weights / Masses / Ballastgewicht ☐ — sun canopy / toit pare-soleil / Sonnendach ☐ — cabin / cabine / Kabine ☐

belt pulley / poulie / Riemenscheibe ☒ — crank handle / manivelle / Handkurbel ☒

Manufacturer offers/Gamme de production du fabricant/Hersteller bietet an

similar model(s) / version(s) similaire(s) / Typ(en) gleicher Bauart (kW): -

different model(s) / version(s) différente(s) / Typ(en) anderer Bauart (kW): -

Remarks/Remarques/Anmerkungen

manufactured until 1984, replaced by Tinkabi AG 3124 in 1987

☒ or no. = standard, * = optional, ? = not known, 1 daN ≘ 1kg, W = dependent pto, B = with brakes
☒ ou Nombre = Standard, * = Options, ? = non connu, 1 daN ≘ 1kg, W = P.d.F. proport. à l'avance., B = avec freins
☒ oder Zahl = Standard, * = Sonderausstattung, ? = nicht bekannt, 1 daN ≘ 1kg, W = Wegzapfwelle, B = mit Bremse

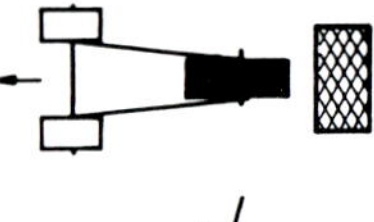

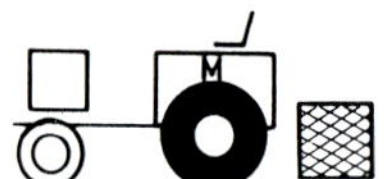

Country / Pays / Land	**AUSTRALIA**
Manufacturer / Fabricant / Hersteller	**POYNTER PRODUCTS**
Model / Type / Typ	**Poynter Triple (3 × 1)**

Engine/Moteur/Motor

Power: kW (HP) at RPM / Puissance: kW (CH) à tr/mn / Leistung: kW (PS) bei U/min: 9 (12) ?

SAE ☐ BHP ☐ DIN ☐ PTO ☐ ? [X]

Max. torque: Nm at RPM / Couple maxi: Nm à tr/mn / Maximales Drehmoment: Nm bei U/min: ? /

No. of cylinders / Nbre de cylindres / Anzahl der Zylinder: 1

Capacity / Cylindrée / Hubraum cm³: ?

Cooling system / Refroidissement / Kühlung: air / à air / Luft ☐ water / à eau / Wasser ☐ ? [X]

Fuel / Carburant / Kraftstoff: diesel / diesel / Diesel ☐ gasoline / essence / Benzin [X] ? ☐

Start / Démarrage / Start: by hand / manuel / von Hand [X] electrical / électrique / elektrisch ☐ ? ☐

Clutch/Embrayage/Kupplung

Disc(s) / Disque(s) / Scheibe(n) ☐ belt / courroie / Riemen ☐ hydraulic / hydraulique / hydraulisch ☐ ? [X]

Transmission/Ensemble mécanique/Getriebe

No. of gears forward/reverse / Nombre de vitesses AV/AR / Gänge vor-/rückwärts: 2 / 2

speed min.-max., forward/reverse / vitesse min.-max., AV/AR / Geschwindigkeit min.-max., vor-/rückwärts km/h: 3, 10 / ?

Tire size/Pneumatiques/Bereifung

front / avant / vorn: 6 × 16 rear / arrière / hinten: 11 × 24

differential lock / blocage différentiel / Differentialsperre: yes / oui / ja ☐ no / non / nein [X] ? ☐

Implement attachment/Attelage/Geräteanbau

3-point-hitch / 3 points / Dreipunkt ☐ category / catégorie / Kategorie: / special frame / construct. spéciale / Sonderkonstruktion ☐

by hand / manuel / von Hand ☐ hydraulic / hydraulique / hydraulisch ☐ lifting capacity / force de levage / Hubkraft daN:

Power take-off/Prise(s) de force/Zapfwelle

rear / arrière / hinten ☐ middle / ventrale / mittig ☐ front / avant / vorn ☐

RPM tr/mn U/min:

Dimensions/Encombrement/Maße und Gewichte

Width / Largeur mm / Breite: 1904 ground clearance / garde au sol / Bodenfreiheit mm: 457 wheel base / empattement mm / Radstand: ?

turning circle / cercle de braquage ∅ mm / Wendekreis: ? wheel track / voie / Spurweite mm: 1524 - 1930

weight / poids à vide / Leergewicht kg: 585 payload (if platform) / charge utile du plateau / Nutzlast bei Plattform kg: 450

Safety frame/arceau de protection/Sicherheitsbügel

yes / oui / ja ☐ no / non / nein ☐

Options/Equipement optionnel/Zubehör

Weights / Masses / Ballastgewicht ☐ sun canopy / toit pare-soleil / Sonnendach ☐ cabin / cabine / Kabine ☐

belt pulley / poulie / Riemenscheibe [X] crank handle / manivelle / Handkurbel ☐

Manufacturer offers/Gamme de production du fabricant/Hersteller bietet an

☐ similar model(s) / version(s) similaire(s) / Typ(en) gleicher Bauart kW: -

☐ different model(s) / version(s) différente(s) / Typ(en) anderer Bauart kW: -

Remarks/Remarques/Anmerkungen

prototype 1972

[X] or [no.] = standard, * = optional, ? = not known, 1 daN ≘ 1kg, W = dependent pto, B = with brakes
[X] ou [Nombre] = Standard, * = Options, ? = non connu, 1 daN ≘ 1kg, W = P.d.F. proport. à l'avance., B = avec freins
[X] oder [Zahl] = Standard, * = Sonderausstattung, ? = nicht bekannt, 1 daN ≘ 1kg, W = Wegzapfwelle, B = mit Bremse

Country / Pays / Land: **AUSTRIA**

Manufacturer / Fabricant / Hersteller: **INTERSTAHL**

Model / Type / Typ: **Agrostar (3 × 2)**

Engine/Moteur/Motor

Power: kW (HP) at RPM / Puissance: kW (CH) à tr/mn / Leistung: kW (PS) bei U/min: 12 (16) ?

SAE ☐ BHP ☐ DIN ☐ PTO ☐ ? [X]

Max. torque: Nm at RPM / Couple maxi: Nm à tr/mn / Maximales Drehmoment: Nm bei U/min: ? /

No. of cylinders / Nbre de cylindres / Anzahl der Zylinder: ?

Capacity / Cylindrée / Hubraum cm^3: ?

Cooling system / Refroidissement / Kühlung: air / à air / Luft ☐ water / à eau / Wasser ☐ ? [X]

Fuel / Carburant / Kraftstoff: diesel / diesel / Diesel [X] gasoline / essence / Benzin ☐ ? ☐

Start / Démarrage / Start: by hand / manuel / von Hand ☐ electrical / électrique / elektrisch ☐ ? [X]

Clutch/Embrayage/Kupplung

Disc(s) / Disque(s) / Scheibe(n) ☐ belt / courroie / Riemen [X] hydraulic / hydraulique / hydraulisch ☐ ? ☐

Transmission/Ensemble mécanique/Getriebe

No. of gears forward/reverse / Nombre de vitesses AV/AR / Gänge vor-/rückwärts: 4 / 2

speed min.-max., forward/reverse / vitesse min.-max., AV/AR / Geschwindigkeit min.-max., vor-/rückwärts (km/h): 3–20 /

differential lock / blocage différentiel / Differentialsperre: yes / oui / ja ☐ no / non / nein ☐ ? [X]

Tire size/Pneumatiques/Bereifung

front / avant / vorn: 3 × 12 (2×)

rear / arrière / hinten: 8.3 / 8 × 24

Implement attachment/Attelage/Geräteanbau

3-point-hitch / 3 points / Dreipunkt ☐ category / catégorie / Kategorie: / special frame / construct. spéciale / Sonderkonstruktion ☐

by hand / manuel / von Hand ☐ hydraulic / hydraulique / hydraulisch ☐ lifting capacity / force de levage / Hubkraft (daN):

Power take-off/Prise(s) de force/Zapfwelle

rear / arrière / hinten ☐ middle / ventrale / mittig ☐ front / avant / vorn ☐

RPM / tr/mn / U/min:

Dimensions/Encombrement/Maße und Gewichte

Width / Largeur / Breite (mm): 1680

ground clearance / garde au sol / Bodenfreiheit (mm): ?

wheel base / empattement / Radstand (mm): ?

turning circle / cercle de braquage / Wendekreis (∅ mm): 3800

wheel track / voie / Spurweite (mm): 1180 - 1680

weight / poids à vide / Leergewicht (kg): 1000

payload (if platform) / charge utile du plateau / Nutzlast bei Plattform (kg): 300

Safety frame/arceau de protection/Sicherheitsbügel

yes / oui / ja ☐ no / non / nein ☐

Options/Equipement optionnel/Zubehör

Weights / Masses / Ballastgewicht ☐ sun canopy / toit pare-soleil / Sonnendach ☐ cabin / cabine / Kabine ☐

belt pulley / poulie / Riemenscheibe ☐ crank handle / manivelle / Handkurbel ☐

Manufacturer offers/Gamme de production du fabricant/Hersteller bietet an

similar model(s) / version(s) similaire(s) / Typ(en) gleicher Bauart (kW): -

different model(s) / version(s) différente(s) / Typ(en) anderer Bauart (kW): -

Remarks/Remarques/Anmerkungen

prototype 1975–1983

[X] or [no.] = standard, ✱ = optional, ? = not known, 1 daN ≙ 1kg, W = dependent pto, B = with brakes

[X] ou [Nombre] = Standard, ✱ = Options, ? = non connu, 1 daN ≙ 1kg, W = P.d.F. proport. à l'avance., B = avec freins

[X] oder [Zahl] = Standard, ✱ = Sonderausstattung, ? = nicht bekannt, 1 daN ≙ 1kg, W = Wegzapfwelle, B = mit Bremse

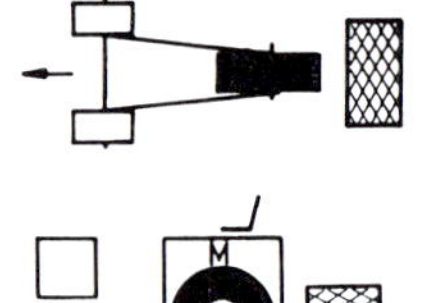

Country / Pays / Land: **SWITZERLAND**
Manufacturer / Fabricant / Hersteller: **FIDESCO**
Model / Type / Typ: **Farmboy (3 × 1)**

Engine/Moteur/Motor

Power: kW (HP) at RPM / Puissance: kW (CH) à tr/mn / Leistung: kW (PS) bei U/min: 10 (14) 3000

SAE ☐ BHP ☐ DIN ☐ PTO ☐ ? [X]

Max. torque: Nm at RPM / Couple maxi: Nm à tr/mn / Maximales Drehmoment: Nm bei U/min: ? / ?

No. of cylinders / Nbre de cylindres / Anzahl der Zylinder: 1
Capacity / Cylindrée / Hubraum (cm^3): ?

Cooling system / Refroidissement / Kühlung: air / à air / Luft [X] water / à eau / Wasser ☐ ? ☐

Fuel / Carburant / Kraftstoff: diesel / diesel / Diesel [X] gasoline / essence / Benzin ☐ ? ☐

Start / Démarrage / Start: by hand / manuel / von Hand ☐ electrical / électrique / elektrisch ☐ ? [X]

Clutch/Embrayage/Kupplung

Disc(s) / Disque(s) / Scheibe(n) ☐ belt / courroie / Riemen [X] hydraulic / hydraulique / hydraulisch ☐ ? ☐

Transmission/Ensemble mécanique/Getriebe

No. of gears forward/reverse / Nombre de vitesses AV/AR / Gänge vor-/rückwärts: ? /

speed min.-max., forward/reverse / vitesse min.-max., AV/AR / Geschwindigkeit min.-max., vor-/rückwärts (km/h): 4 – 18 / ?

Tire size/Pneumatiques/Bereifung

front / avant / vorn: 5 × 13
rear / arrière / hinten: 9.5/9 × 24

differential lock / blocage différentiel / Differentialsperre: yes / oui / ja ☐ no / non / nein [X] ? ☐

Implement attachment/Attelage/Geräteanbau

3-point-hitch / 3 points / Dreipunkt ☐ category / catégorie / Kategorie: / special frame / construct. spéciale / Sonderkonstruktion ☐

by hand / manuel / von Hand ☐ hydraulic / hydraulique / hydraulisch ☐ lifting capacity / force de levage / Hubkraft (daN):

Power take-off/Prise(s) de force/Zapfwelle

rear / arrière / hinten ☐ middle / ventrale / mittig ☐ front / avant / vorn ☐

RPM tr/mn U/min

Dimensions/Encombrement/Maße und Gewichte

Width / Largeur mm / Breite: ?
ground clearance / garde au sol mm / Bodenfreiheit: 300
wheel base / empattement mm / Radstand: ?

turning circle / cercle de braquage ∅ mm / Wendekreis: ?
wheel track / voie mm / Spurweite: ? -

weight / poids à vide kg / Leergewicht: 1040
payload (if platform) / charge utile du plateau kg / Nutzlast bei Plattform:

Safety frame/arceau de protection/Sicherheitsbügel

yes / oui / ja ☐ no / non / nein ☐

Options/Equipement optionnel/Zubehör

Weights / Masses / Ballastgewicht ☐ sun canopy / toit pare-soleil / Sonnendach ☐ cabin / cabine / Kabine ☐

belt pulley / poulie / Riemenscheibe ☐ crank handle / manivelle / Handkurbel ☐

Manufacturer offers/Gamme de production du fabricant/Hersteller bietet an

similar model(s) / version(s) similaire(s) / Typ(en) gleicher Bauart (kW): -

different model(s) / version(s) différente(s) / Typ(en) anderer Bauart (kW): -

Remarks/Remarques/Anmerkungen

prototype 1971–1974

[X] or [no.] = standard, ✻ = optional, ? = not known, 1 daN ≙ 1kg, W = dependent pto, B = with brakes
[X] ou [Nombre] = Standard, ✻ = Options, ? = non connu, 1 daN ≙ 1kg, W = P.d.F. proport. à l'avance., B = avec freins
[X] oder [Zahl] = Standard, ✻ = Sonderausstattung, ? = nicht bekannt, 1 daN ≙ 1kg, W = Wegzapfwelle, B = mit Bremse

Country / Pays / Land: **UNITED KINGDOM**

Manufacturer / Fabricant / Hersteller: **NIAE**

Model / Type / Typ: **Monowheel (3 × 1)**

Engine/Moteur/Motor

Power: kW (HP) at RPM / Puissance: kW (CH) à tr/mn / Leistung: kW (PS) bei U/min: 8 (10) 1800

SAE ☐ BHP ☐ DIN ☐ PTO ☐ ? [X]

Max. torque: Nm at RPM / Couple maxi: Nm à tr/mn / Maximales Drehmoment: Nm bei U/min: 41 / ?

No. of cylinders / Nbre de cylindres / Anzahl der Zylinder: 2

Capacity / Cylindrée / Hubraum: ? cm³

Cooling system / Refroidissement / Kühlung: air / à air / Luft [X] water / à eau / Wasser ☐ ? ☐

Fuel / Carburant / Kraftstoff: diesel / diesel / Diesel [X] gasoline / essence / Benzin ☐ ? ☐

Start / Démarrage / Start: by hand / manuel / von Hand [X] electrical / électrique / elektrisch ☐ ? ☐

Clutch/Embrayage/Kupplung

Disc(s) / Disque(s) / Scheibe(n) ☐ belt / courroie / Riemen [X] hydraulic / hydraulique / hydraulisch ☐ ? ☐

Transmission/Ensemble mécanique/Getriebe

No. of gears forward/reverse / Nombre de vitesses AV/AR / Gänge vor-/rückwärts: 2 / 1

speed min.-max., forward/reverse / vitesse min.-max., AV/AR / Geschwindigkeit min.-max., vor-/rückwärts: 4; 12 / km/h

differential lock / blocage différentiel / Differentialsperre: yes / oui / ja ☐ no / non / nein [X] ? ☐

Tire size/Pneumatiques/Bereifung

front / avant / vorn: 5 × 16 rear / arrière / hinten: 8 × 24

Implement attachment/Attelage/Geräteanbau

3-point-hitch / 3 points / Dreipunkt ☐ category / catégorie / Kategorie: / special frame / construct. spéciale / Sonderkonstruktion ☐

by hand / manuel / von Hand ☐ hydraulic / hydraulique / hydraulisch ☐ lifting capacity / force de levage / Hubkraft: daN

Power take-off/Prise(s) de force/Zapfwelle

rear / arrière / hinten ☐ middle / ventrale / mittig ☐ front / avant / vorn ☐

RPM tr/mn U/min

Dimensions/Encombrement/Maße und Gewichte

Width / Largeur / Breite: ? mm ground clearance / garde au sol / Bodenfreiheit: 280 mm wheel base / empattement / Radstand: 1676 mm

turning circle / cercle de braquage / Wendekreis: ? ∅ mm wheel track / voie / Spurweite: 1520 - mm

weight / poids à vide / Leergewicht: 825 kg payload (if platform) / charge utile du plateau / Nutzlast bei Plattform: kg

Safety frame/arceau de protection/Sicherheitsbügel

yes / oui / ja ☐ no / non / nein ☐

Options/Equipement optionnel/Zubehör

Weights / Masses / Ballastgewicht ☐ sun canopy / toit pare-soleil / Sonnendach ☐ cabin / cabine / Kabine ☐

belt pulley / poulie / Riemenscheibe ☐ crank handle / manivelle / Handkurbel ☐

Manufacturer offers/Gamme de production du fabricant/Hersteller bietet an

similar model(s) / version(s) similaire(s) / Typ(en) gleicher Bauart: - kW

different model(s) / version(s) différente(s) / Typ(en) anderer Bauart: - kW

Remarks/Remarques/Anmerkungen

prototype 1962–1967

[X] or [no.] = standard, ✱ = optional, ? = not known, 1 daN ≙ 1kg, W = dependent pto, B = with brakes
[X] ou [Nombre] = Standard, ✱ = Options, ? = non connu, 1 daN ≙ 1kg, W = P.d.F. proport. à l'avance., B = avec freins
[X] oder [Zahl] = Standard, ✱ = Sonderausstattung, ? = nicht bekannt, 1 daN ≙ 1kg, W = Wegzapfwelle, B = mit Bremse

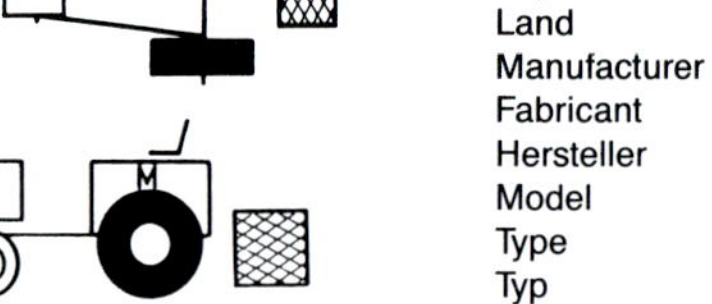

Country / Pays / Land	**FRANCE**
Manufacturer / Fabricant / Hersteller	**MOUZON-SODIA**
Model / Type / Typ	**MOUZON Satec Combiculteur (3 × 2)**

Engine/Moteur/Motor

Power: kW (HP) at RPM / Puissance: kW (CH) à tr/mn / Leistung: kW (PS) bei U/min: 9 (13)

SAE ☐ BHP ☐ DIN ☒ PTO ☐ ? ☐

Max. torque: Nm at RPM / Couple maxi: Nm à tr/mn / Maximales Drehmoment: Nm bei U/min: ? /

No. of cylinders / Nbre de cylindres / Anzahl der Zylinder: 1

Capacity / Cylindrée / Hubraum cm³: ?

Cooling system / Refroidissement / Kühlung: air / à air / Luft ☒ water / à eau / Wasser ☐ ? ☐

Fuel / Carburant / Kraftstoff: diesel / diesel / Diesel ☒ gasoline / essence / Benzin ☐ ? ☐

Start / Démarrage / Start: by hand / manuel / von Hand ☒ electrical / électrique / elektrisch ☐ ? ☐

Clutch/Embrayage/Kupplung

Disc(s) / Disque(s) / Scheibe(n) ☐ belt / courroie / Riemen ☒ hydraulic / hydraulique / hydraulisch ☐ ? ☐

Transmission/Ensemble mécanique/Getriebe

No. of gears forward/reverse / Nombre de vitesses AV/AR / Gänge vor-/rückwärts: V + 5/

speed min.-max., forward/reverse / vitesse min.-max., AV/AR / Geschwindigkeit min.-max., vor-/rückwärts km/h: 3 – 13 / ?

Tire size/Pneumatiques/Bereifung

front / avant / vorn: 4 × 8 (2 ×) rear / arrière / hinten: 7.5 × 18

differential lock / blocage différentiel / Differentialsperre: yes / oui / ja ☐ no / non / nein ☐ ? ☒

Implement attachment/Attelage/Geräteanbau

3-point-hitch / 3 points / Dreipunkt ☒ category / catégorie / Kategorie: 1 / special frame / construct. spéciale / Sonderkonstruktion ☐

by hand / manuel / von Hand ☐ hydraulic / hydraulique / hydraulisch ☒ lifting capacity / force de levage / Hubkraft daN: ?

Power take-off/Prise(s) de force/Zapfwelle

rear / arrière / hinten: 3 middle / ventrale / mittig ☐ front / avant / vorn ☐

RPM / tr/mn / U/min: ?

Dimensions/Encombrement/Maße und Gewichte

Width / Largeur mm / Breite: ? ground clearance / garde au sol mm / Bodenfreiheit: 550 wheel base / empattement mm / Radstand: ?

turning circle / cercle de braquage ∅ mm / Wendekreis: 3250 wheel track / voie mm / Spurweite: 1300 - 1700

weight / poids à vide kg / Leergewicht: 920 payload (if platform) / charge utile du plateau kg / Nutzlast bei Plattform: 300

Safety frame/arceau de protection/Sicherheitsbügel

yes / oui / ja ☐ no / non / nein ☐

Options/Equipement optionnel/Zubehör

Weights / Masses / Ballastgewicht ☐ sun canopy / toit pare-soleil / Sonnendach ☐ cabin / cabine / Kabine ☐

belt pulley / poulie / Riemenscheibe ☐ crank handle / manivelle / Handkurbel ☐

Manufacturer offers/Gamme de production du fabricant/Hersteller bietet an

similar model(s) / version(s) similaire(s) / Typ(en) gleicher Bauart kW: -

different model(s) / version(s) différente(s) / Typ(en) anderer Bauart kW: -

Remarks/Remarques/Anmerkungen

prototype 1976–1979

V = Speed variator
V = variateur de vitesse
V = Variator

☒ or no. = standard, ✱ = optional, ? = not known, 1 daN ≙ 1kg, W = dependent pto, B = with brakes
☒ ou Nombre = Standard, ✱ = Options, ? = non connu, 1 daN ≙ 1kg, W = P.d.F. proport. à l'avance., B = avec freins
☒ oder Zahl = Standard, ✱ = Sonderausstattung, ? = nicht bekannt, 1 daN ≙ 1kg, W = Wegzapfwelle, B = mit Bremse

Country / Pays / Land: **NETHERLANDS**

Manufacturer / Fabricant / Hersteller: **LH WAGENINGEN**

Model / Type / Typ: **Wageningen/Tricycle (3 × 1)**

Engine/Moteur/Motor

Power: kW (HP) at RPM / Puissance: kW (CH) à tr/mn / Leistung: kW (PS) bei U/min: 5 (7) 3000

SAE [ ] BHP [ ] DIN [ ] PTO [ ] ? [X]

Max. torque: Nm at RPM / Couple maxi: Nm à tr/mn / Maximales Drehmoment: Nm bei U/min: ? /

No. of cylinders / Nbre de cylindres / Anzahl der Zylinder: 1

Capacity / Cylindrée / Hubraum cm³: 275

Cooling system / Refroidissement / Kühlung: air / à air / Luft [X] water / à eau / Wasser [ ] ? [ ]

Fuel / Carburant / Kraftstoff: diesel / diesel / Diesel [ ] gasoline / essence / Benzin [X] ? [ ]

Start / Démarrage / Start: by hand / manuel / von Hand [X] electrical / électrique / elektrisch [ ] ? [ ]

Clutch/Embrayage/Kupplung

Disc(s) / Disque(s) / Scheibe(n) [ ] belt / courroie / Riemen [X] hydraulic / hydraulique / hydraulisch [ ] ? [ ]

Transmission/Ensemble mécanique/Getriebe

No. of gears forward/reverse / Nombre de vitesses AV/AR / Gänge vor-/rückwärts: 2 / 0

speed min.-max., forward/reverse / vitesse min.-max., AV/AR / Geschwindigkeit min.-max., vor-/rückwärts km/h: 4; 10 /

Tire size/Pneumatiques/Bereifung

front / avant / vorn: 4 × 12 rear / arrière / hinten: 6 × 16

differential lock / blocage différentiel / Differentialsperre: yes / oui / ja [ ] no / non / nein [X] ? [ ]

Implement attachment/Attelage/Geräteanbau

3-point-hitch / 3 points / Dreipunkt [ ] category / catégorie / Kategorie: / special frame / construct. spéciale / Sonderkonstruktion [ ]

by hand / manuel / von Hand [ ] hydraulic / hydraulique / hydraulisch [ ] lifting capacity / force de levage / Hubkraft daN:

Power take-off/Prise(s) de force/Zapfwelle

rear / arrière / hinten [ ] middle / ventrale / mittig [ ] front / avant / vorn [ ]

RPM tr/mn U/min:

Dimensions/Encombrement/Maße und Gewichte

Width / Largeur / Breite mm: 1100 ground clearance / garde au sol / Bodenfreiheit mm: 335 wheel base / empattement / Radstand mm: ?

turning circle / cercle de braquage / Wendekreis ∅ mm: 3880 wheel track / voie / Spurweite mm: -

weight / poids à vide / Leergewicht kg: 379 payload (if platform) / charge utile du plateau / Nutzlast bei Plattform kg:

Safety frame/arceau de protection/Sicherheitsbügel

yes / oui / ja [ ] no / non / nein [ ]

Options/Equipement optionnel/Zubehör

Weights / Masses / Ballastgewicht [ ] sun canopy / toit pare-soleil / Sonnendach [ ] cabin / cabine / Kabine [ ]

belt pulley / poulie / Riemenscheibe [ ] crank handle / manivelle / Handkurbel [ ]

Manufacturer offers/Gamme de production du fabricant/Hersteller bietet an

[ ] similar model(s) / version(s) similaire(s) / Typ(en) gleicher Bauart kW: -

[ ] different model(s) / version(s) différente(s) / Typ(en) anderer Bauart kW: -

Remarks/Remarques/Anmerkungen

prototype 1964/1976

[X] or [no.] = standard, ✱ = optional, ? = not known, 1 daN ≙ 1kg, W = dependent pto, B = with brakes
[X] ou [Nombre] = Standard, ✱ = Options, ? = non connu, 1 daN ≙ 1kg, W = P.d.F. proport. à l'avance., B = avec freins
[X] oder [Zahl] = Standard, ✱ = Sonderausstattung, ? = nicht bekannt, 1 daN ≙ 1kg, W = Wegzapfwelle, B = mit Bremse

Country / Pays / Land	USA
Manufacturer / Fabricant / Hersteller	ROKON INC.
Model / Type / Typ	Rokon Motobike (2 × 2)

Engine/Moteur/Motor

Power: kW (HP) at RPM / Puissance: kW (CH) à tr/mn / Leistung: kW (PS) bei U/min: 7 (10) 8000

SAE [ ] BHP [ ] DIN [ ] PTO [ ] ? [X]

Max. torque: Nm at RPM / Couple maxi: Nm à tr/mn / Maximales Drehmoment: Nm bei U/min: ? /

No. of cylinders / Nbre de cylindres / Anzahl der Zylinder: 1

Capacity / Cylindrée / Hubraum (cm^3): 134

Cooling system / Refroidissement / Kühlung: air / à air / Luft [X] water / à eau / Wasser [ ] ? [ ]

Fuel / Carburant / Kraftstoff: diesel / diesel / Diesel [ ] gasoline / essence / Benzin [X] ? [ ]

Start / Démarrage / Start: by hand / manuel / von Hand [X] electrical / électrique / elektrisch [ ] ? [ ]

Clutch/Embrayage/Kupplung

Disc(s) / Disque(s) / Scheibe(n) [ ] belt / courroie / Riemen [X] hydraulic / hydraulique / hydraulisch [ ] ? [ ]

Transmission/Ensemble mécanique/Getriebe

No. of gears forward/reverse / Nombre de vitesses AV/AR / Gänge vor-/rückwärts: V + 3 /

speed min.-max., forward/reverse / vitesse min.-max., AV/AR / Geschwindigkeit min.-max., vor-/rückwärts (km/h): 1 – 65 /

differential lock / blocage différentiel / Differentialsperre: yes / oui / ja [ ] no / non / nein [X] ? [ ]

Tire size/Pneumatiques/Bereifung

front / avant / vorn: 6.7 × 15 rear / arrière / hinten: 6.7 × 15

Implement attachment/Attelage/Geräteanbau

3-point-hitch / 3 points / Dreipunkt [ ] category / catégorie / Kategorie: / special frame / construct. spéciale / Sonderkonstruktion [ ]

by hand / manuel / von Hand [ ] hydraulic / hydraulique / hydraulisch [ ] lifting capacity / force de levage / Hubkraft (daN):

Power take-off/Prise(s) de force/Zapfwelle

rear / arrière / hinten [1] middle / ventrale / mittig [ ] front / avant / vorn [ ]

0 – 700 RPM tr/mn U/min

Dimensions/Encombrement/Maße und Gewichte

Width / Largeur mm / Breite: 710 ground clearance / garde au sol mm / Bodenfreiheit: 380 wheel base / empattement mm / Radstand: 1240

turning circle / cercle de braquage ∅ mm / Wendekreis: ? wheel track / voie mm / Spurweite: -

weight / poids à vide kg / Leergewicht: 84 payload (if platform) / charge utile du plateau kg / Nutzlast bei Plattform:

Safety frame/arceau de protection/Sicherheitsbügel

yes / oui / ja [ ] no / non / nein [ ]

Options/Equipement optionnel/Zubehör

Weights / Masses / Ballastgewicht [ ] sun canopy / toit pare-soleil / Sonnendach [ ] cabin / cabine / Kabine [ ]

belt pulley / poulie / Riemenscheibe [ ] crank handle / manivelle / Handkurbel [ ]

Manufacturer offers/Gamme de production du fabricant/Hersteller bietet an

[ ] similar model(s) / version(s) similaire(s) / Typ(en) gleicher Bauart (kW): -

[ ] different model(s) / version(s) différente(s) / Typ(en) anderer Bauart (kW): -

Remarks/Remarques/Anmerkungen

manufactured until 1985 (?)

V = speed variator
V = variateur de vitesse
V = Variator

[X] or [no.] = standard, ✱ = optional, ? = not known, 1 daN ≙ 1kg, W = dependent pto, B = with brakes
[X] ou [Nombre] = Standard, ✱ = Options, ? = non connu, 1 daN ≙ 1kg, W = P.d.F. proport. à l'avance., B = avec freins
[X] oder [Zahl] = Standard, ✱ = Sonderausstattung, ? = nicht bekannt, 1 daN ≙ 1kg, W = Wegzapfwelle, B = mit Bremse

4 REGISTER

4.1 Index of countries

	Page
Argentina	119
Australia	111, 123, 134
Austria	135
Brazil	45, 46, 119
China (P.R.)	47–51, 119
Côte d'Ivoire	130, 131
Czechoslovakia	52
France	53, 54, 124, 138
Germany (F.R.)	55–61, 112–114, 125, 126, 132
India	62–69, 119
Italy	70–77, 127
Japan	78–83
Korea (D.R.)	84–88, 119
Netherlands	89, 139
Romania	90
Soviet Union	91, 92
Swaziland	93, 133
Switzerland	136
Thailand	94–98
Turkey	99, 100, 128
Uganda	129
United Kingdom	101–103, 115–118, 137
United States of America	104–107, 140
Yugoslavia	108, 109
Zimbabwe	119

4.2 Index of manufacturers and models

Manufacturer/Model	Type[1]	a[2]	h[3]	Country	Page
AFCOM	p[4]		x	Côte d'Ivoire	131
Agrale 4100/24	u	x		Brazil	45
Agrale 4300	u	x		Brazil	46
Agria 4800 L	u	x		Germany (F.R.)	55
Agritom PO 26	p	x		France	53
Agrostar	t		x	Austria	135
Agro-Util B	u	x		USA	104
Ayudhaya Tractor 1800 A	u	x		Thailand	94
Başak-17	u	x		Turkey	99
Belarus SCCH-28	c	x		Soviet Union	91
Belarus T 25 A	u	x		Soviet Union	92
Carraro Tigre RS	u	x		Italy	70
Case-IH 433	u	x		Germany (F.R.)	56
Centaur	p[4]	x		United Kingdom	117
CFDT-TE 80	p	x		France	54
Chico	p		x	Germany (F.R.)	132
Combiculteur (Mouzon)	t[4]		x	France	138
Daedong T 2600	u	x		Korea (D.R.)	84
Deutz 2807	u	x		Germany (F.R.)	61
Deutz DE 3607	u[4]	x		Germany (F.R.)	113
Deutz 4006	u		x	Germany (F.R.)	125
Dong Fang Hong 15	u	x		China (P.R.)	47
Eicher Chandi	u	x		India	62
Eicher 241 H	u	x		India	63
Eicher 352 Gold	u	x		India	64
Eicher 3035	u	x		Germany (F.R.)	58
ENTI 2200	c	x		Netherlands	89
Escorts 325	u	x		India	65
Escorts 335	u	c		India	66
Farmboy	t[4]		x	Switzerland	136
Farmking	u[4]	x		United Kingdom	116
Fendt 231 GT	c	x		Germany (F.R.)	57
Feng Chou 180-3	u	x		China (P.R.)	51
Ferrari 1100	u	x		Italy	71
Ford 1710	u	x		United Kingdom	101
Ford 2810	u	x		United Kingdom	102
Goldoni I	u[4]		x	Italy	127
Goldoni 933 RSDT	u	x		Italy	72
Goldstar MT 3501 D	u	x		Korea (D.R.)	85

[1] type of tractor:
u = universal; p = platform, c = tool carrier, t = tricycle, o = other designs

[2] a = actual; [3] h = historical; [4] prototype

Manufacturer/Model	Type[1]	a[2]	h[3]	Country	Page
Gutbrod 2600 A SSFT	u[4]		x	Germany (F.R.)	126
Hangzhou BY 24	u	x		China (P.R.)	48
Hinomoto E 2602 AS	u	x		Japan	78
Holder C 20	u	x		Germany (F.R.)	59
Howard 2000	u[4]		x	Australia	123
Hubei SN 25	u	x		China (P.R.)	50
IMT 528	u	x		Yugoslavia	109
Iseki TA 250 C	u	x		Japan	79
J. Charoenchai Tr. 0101	u	x		Thailand	95
J. Charoenchai Tr. 0104	o	x		Thailand	96
J. Charoenchai Tr. 0105	u	x		Thailand	97
Jefferson 15-HD, Quadractor	o[4]	x		Australia	111
John Deere 950	u	x		Germany (F.R.)	60
Kabanyolo MK V	u[4]		x	Uganda	129
KHIC 300	u	x		Korea (D.R.)	86
Kleiner Forschungsschlepper	u[4]	x		Germany (F.R.)	112
Kubota L-1-265	u	x		Japan	80
Kukje KTE 330	u	x		Korea (D.R.)	87
Leyland 184	u		x	Turkey	128
Mahindra & Mahindra B 275	u	x		India	67
Massey Ferguson 1030	u	x		United Kingdom	103
MF 1035 (Tafe)	u	x		India	69
Mitsubishi MT 25	u	x		Japan	81
Multitrac	p[4]	x		Germany (F.R.)	114
Nanfang 12	u	x		China (P.R.)	49
NIAE Monowheel	t[4]		x	United Kingdom	137
Nibbi 230 L-DT	u	x		Italy	73
Pangolin	o[4]		x	Côte d'Ivoire	130
Pasquali 970-30	u	x		Italy	74
PGS Roma 42	u	x		Italy	75
Pico-Trac	p[4]	x		United Kingdom	115
Power King 2417	u	x		USA	105
Poynter Triple	t[4]		x	Australia	134
Renault 181	o		x	France	124
Rokon Motobike	o		x	USA	140
Same Delfino 35	u	x		Italy	76
Self Help	u	x		USA	106
Shibaura D 26	u	x		Japan	82
Spider	o[4]		x	United Kingdom	118
Steyr 8033	u	x		Turkey	100

[1] type of tractor:
u = universal; p = platform, c = tool carrier, t = tricycle, o = other designs
[2] a = actual; [3] h = historical; [4] prototype

Manufacturer/Model	Type[1]	a[2]	h[3]	Country	Page
Swaraj 724	u	x		India	68
Tangtonhuad 79	u	x		Thailand	98
Tinkabi 172	p		x	Swaziland	133
Tinkabi AG 3124	p	x		Swaziland	93
Tomo Vinkovic 420	u	x		Yugoslavia	108
Tong Yang Moolsan TL 2140	u	x		Korea (D.R.)	88
Tuff Bilt D.8	c	x		USA	107
Universal 302	u	x		Romania	90
Valpadana 330 4RM	u	x		Italy	77
Wageningen Tricycle	o[4]		x	Netherlands	139
Yanmar Fx26PHS	u	x		Japan	83
Zetor 5211 R	u	x		Czechoslovakia	52

[1] type of tractor:
u = universal; p = platform, c = tool carrier, t = tricycle, o = other designs
[2] a = actual; [3] h = historical; [4] prototype

4.3 Index of addresses of manufacturers and exporters

AGRALE S.A.
Estrada Federal BR 116, km 145
C.P. 1311
Caxias Do Sul RS
CEP 95100
BRAZIL
Telex: 0542/156

AGRIA WERKE
7108 Möckmühl
GERMANY (F.R.)
Telex: 0466791

AGRITOM
9 Place R. Salengo
B.P. 82
91100 Corbeil-Essonnes
FRANCE
Telex: 603211 F
695121 F

AGRO-UTIL
Kalamazoo International Inc.
P.O. Box 271
70 Van Buren Street
South Heaven, Michigan 49090
USA
Telex: 72952 JENJEN SHAV

AGROZET ZETOR K.P.
63200 Brno
CZECHOSLOVAKIA
Telex: 066 62263

ANTONIO CARRARO S.P.A.
Via Caltana 18
Casella postale 11
5011 Campodarzego
Paodova
ITALY
Telex: 430011 Cartrat I

AYUDHAYA TRACTOR CO., LTD
63/4 Pridi-Thamrong Bridge
Ayudhaya
THAILAND

BARRUS (Mitsubishi U.K.)
Launton Road
Bicester Oxforshire Ox 6 OUR
UNITED KINGDOM
Telex: 837369

BAŞAK s. TÜRKIYE ZIRAI

BELARUS s. TRAKTOROEXPORT

BOUYER s. COMPAGNIE FRANÇAISE

BROWN TRANSPORT COOPERATION
RR1 Box 43
Cumming Georgia 30230-9775
USA
Telex: 700528

CAMC s. CHINA NATIONAL

CARRARO s. ANTONIO CARRARO

CASE I.H.
Industriestraße 39
4040 Neuss am Rhein
GERMANY (F.R.)

CBT s. COMPANHIA BRASILEIRA

CENTAUR s. UNIVERSITY OF NEWCASTLE

CFDT s. Compagnie Française

Chandi s. EICHER GOODEARTH LTD

CHAROENCHAI s. J. CHAROENCHAI

CHINA NATIONAL AGRICULTURAL MACHINERY
IMPORT & EXPORT CORPORATION (CAMC)
26 South Yuetan Street
Beijing
CHINA (P.R.)
Telex: 2167 AMPRC CN

COMPANHIA BRASILEIRA DI TRATORES (CBT)
Rodovia SP 318, km 249
Caixa Postal 376
São Carlos SP
CEP 13560
BRAZIL

COMPANHIA INDUSTRIAL SANTA MATILDE
Rua Buenos Aires 100, 6. andar
Rio de Janeiro RS
CEP 20070
BRAZIL
Telex: 21042 manganato

COMPAGNIE FRANÇAISE POUR LE
DÉVELOPPEMENT DES FIBRES TEXTILES (CFDT)
13 Rue De Monceau
75008 Paris
FRANCE
Telex: 660839 F

CONSTRUCCIONES METALURGICAS ZANELLO SRL
5940 Las Varillas
Cordoba
ARGENTINA
Telex: 54140 ZANLO AR

DAEDONG INDUSTRIAL CO., LTD
Yeong Dong
P.O. Box 53
Seoul
KOREA
Telex: K 24489 DDKIMS

DELFINO s. SAME

DEUTZ s. KLÖCKNER HUMBOLDT DEUTZ

DONG FANG HONG
Luoyang
Henan
CHINA (P.R.)
Export s.
CHINA NATIONAL AGRICULTURAL... (CAMC)

EERSTE NEDERLANDSE TRACTOR INDUSTRIE (ENTI)
Postbus 215
8250 AE Dronten
NETHERLANDS
Telex: 70897 (enti-nl)

EICHER GmbH
Traktoren und Landmaschinenwerk
8380 Landau (Isar)
GERMANY (F.R.)

EICHER GOODEARTH LTD
2nd Floor Osian 12
Nehru Place
New Delhi 110019
INDIA

ENGINEERING PRODUCTS CO., INC.
P.O. Box 1510
Waukesha, Wi 53187
USA

ESCORTS LTD
Farm Equipment Division
18/4 Mathura Road
Faridabad 121007 (Haryana)
INDIA
Telex: 0343-330
0343-278
0343-215

FARMKING s. QUINTAD...

FENG CHOU s. JIANGXI TRACTOR PLANT

FERRARI
O. M. Ferrari Fernando S.p.A.
Via Valbrina 19
42045 Luzzara (R.E.)
ITALY
Telex: 530144 FERMAC I

FORD BRASIL S.A. OPERAÇÕES TRATORES
Av. do Taboão, 899
Caixa Postal 8619
São Bernardo do Campo-SP
CEP 09720
BRAZIL

FORD NEW HOLLAND LTD
Cranes Farm Road
Basildon, Essex, SS14 3AD
UNITED KINGDOM
Telex: 99281 FORDTP G

GOLDONI S.P.A.
Via Canale 3
41012 Migliarina di Carpi (Mo)
ITALY
Telex: 530023 GLDN 1

GOLDSTAR CABLE
120 Namdaemun-ro 5-ga
Jung-gu
C.P.O. Box 1687
Seoul 100
KOREA
Telex: K 24568 GSCABLE

HANGZHOU
The Export Office of
Zhejiang Farm Machinery Corporation
Zhejiang
CHINA (P.R.)
Export s.
CHINA NATIONAL AGRICULTURAL... (CAMC)

HINOMOTO = TOYOSHA CO., LTD
55 Joshoji – 16
Kadoma-City
Osaka
JAPAN

HOLDER GmbH & Co.
Stuttgarter Strasse 42–46
7430 Metzingen
GERMANY (F.R.)
Telex: 7245319

HUBEI TRACTOR PLANT
Huangshi Hubei
CHINA (P.R.)
Export s.
CHINA NATIONAL AGRICULTURAL . . . (CAMC)

IH INDIA s. MAHINDRA & MAHINDRA

INDUSTRIA MASINA i TRAKTORA (IMT)
Tosim Banar 268
11070 Novi Beograd
YUGOSLAVIA
Telex: 12463 IMT YO

INSTITUT FÜR LANDMASCHINEN DER
TECHNISCHEN UNIVERSITÄT
Arcisstraße 21
8000 München 2
GERMANY (F.R.)

ISEKI & CO., LTD
3-6 Kiocho Chiyodaku
Tokyo
JAPAN

ISEKI U.K. LTD
Bydant Lane
Little Paxton, Cambs PE19 4ES
UNITED KINGDOM
Telex: 32528

ISICO (PTY) LTD
2 King Sobhuza II Ave
Matsapha
P.O. Box 450
Manzini
SWAZILAND
Telex: 2127 WD

J. CHAROENCHAI TRACTOR
58/7 Tumbon Pailing
Rojana Road Umpur Muang
Ayudhaya
THAILAND

JEFFERSON APPROTEC COMPANY PTY LTD
Box 4359 G.P.O.
Sydney N.S.W. 2001
AUSTRALIA
Telex: AA 71155 DESER

JIANGXI TRACTOR PLANT
s. CHINA NATIONAL AGRICULTURAL... (CAMC)

JOHN CROFT MACHINERY LTD (JCM, Yanmar U.K.)
Thorpe Willoughby
Selby North Yorkshire Y08 OSE
UNITED KINGDOM
Telex: 57668 Croft G

JOHN DEERE EXPORT
Steubenstraße 36–42
Postfach 603
6800 Mannheim
GERMANY (F.R.)
Telex: 04-63321

KHIC s. KOREA HEAVY INDUSTRIES...

KLÖCKNER HUMBOLDT DEUTZ (KHD) AGRARTECHNIK
Exportabteilung
Postfach 910457
5000 Köln
GERMANY (F.R.)
Telex: 8812255

KOREA HEAVY INDUSTRIES & CONSTRUCTION CO., LTD
San 2, Cheongdam-Dong
C.P.O. Box 1826
Seoul
KOREA (D.R.)
Telex: K 24432
27461
28345 KHICO

KUBOTA LTD
2-47 Ichome Shikitsu-Higashi
Naniwaku
Osaka
JAPAN

KUBOTA U.K.
Dormer Road
Thame, Oxford, OX9 34N
UNITED KINGDOM
Telex: 837551

KUKJE MACHINERY CO., LTD
Tae San Building 984-1
Bangbae-Dong Kangnam-Ku
C.P.O. Box 6599
Seoul
KOREA (D.R.)
Telex: K 24787 KUKJONG

LISTER PETTER
Dursley GL11 4HS
UNITED KINGDOM
Telex: 43261 LPLTD G

MAHINDRA & MAHINDRA LTD
Tractor Division – Overseas Operations
Akurli Road Kandivli East
Bombay 400101
INDIA
Telex: 11-71047 MTKD-IN
11-71614 MTKD-IN

MASSEY-FERGUSON BRAZIL s. MASSEY PERKINS

MASSEY-FERGUSON INDIA s. TAFE

MASSEY-FERGUSON U.K. LTD
Stareton CV8 2LJ
UNITED KINGDOM
Telex: 335011 Varity G

MASSEY PERKINS S.A.
Rua Dom Jaime de Barros Cãmara
90 – Vila Planalto
Caixa Postal 30240
São Bernardo do Campo SP
CEP 09700
BRAZIL

MITSUBISHI
Agricultural Machinery Co., Ltd
6-3 3-chome
Kanda-kaji-cho chiyoda-ku
Tokyo
JAPAN

MITSUBISHI U.K. s. BARRUS

MULTITRAC s. WEYHAUSEN, H.

NANGFANG s. HANGZHOU

NIBBI BRUNO & FIGLI S.P.A.
Fabrica macchine agricole e industriali
Via F. lli Bandiera 7
42100 Reggio Emilia
ITALY
Telex: 530337

PASQUALI MACHINE AGRIOCLE S.P.A.
Via Nuova 30
Calenzano (Fi)
ITALY
Telex: 571431 Pama

PGS
29010 Cadeo
Piacenza
ITALY
Telex: 530134 PGS I

PICO s. LISTER PETTER

POWER KING s. ENGINEERING PRODUCTS Co. Inc.

PUNJAB TRACTORS LTD
S.A.S. Nagar Mohali
Punjab 160055
INDIA

QUINTAD (IMPORT & EXPORT) LTD
Unit 31 Burtonwood Industrial Centre
Phipps Lane
Burtonwood, Warrington WA5 4HX
UNITED KINGDOM
Telex: 627479 Quintex G

ROMA s. PGS

SAME
Viali F. Cassani 15
24047 Treviglio (BG)
ITALY
Telex: 311472 Samatra 1

SANTA MATHILDE
s. COMANHIA INDUSTRIAL SANTA MATILDE

SELF HELP
Highway 3 East
Box 88
Waverly, Iowa 50677
USA

SHIBAURA = SHIKOKU MANUFACTURING CO., LTD
2-5, 1-chome Kinuyamacho
Matsuyama-city Ehime-pref.
JAPAN

STEYR s. TÜRKIYE ZIRAI...

SWARAJ s. PUNJAB TRACTORS

TAFE-MF
Tractors and Farm Equipment Ltd
P.O. Box 3302
Madras 600034
INDIA

TANGTONGHUAD AND SONS LTD
1493-5 Sukhumvit Road
Soi Srichan Prakanong
Bangkok
THAILAND

TIGRE s. ANTONIO CARRARO

TINKABI s. ISICO (PTY) LTD

TOMO VINKOVIC
Bjelovar
Mataciceva 15
YUGOSLAVIA
Telex: 23337 YU TV

TONG YANG MOOLSAN CO., LTD
Byuck San BLDG 8 9 FLR 22-1
Ssangrim-Dong Cung-Ku
P.O. Box 2270
Seoul 100
KOREA (D.R.)
Telex: INDOCK K 27432

TRAKTOROEXPORT
Kuznetsky Most 21/5
Moskau 103031
SOVIET UNION
Telex: 411273
411274

TÜRKIYE ZIRAI DONATIM KURUMU (TZDK)
Genel Müdürlügü
P.K. 509
Ankara
TURKEY
Telex: 44283 zdan tr
44288 zda tr
44245 zdgm tr

TURNPAN ZIMBABWE LTD
35 Melbourne Road
P.O. Box ST 129
Southerton, Harare
ZIMBABWE
Telex: 4720 HIMAC ZW

TUFF BILT s. BROWN TRANSPORT CORPORATION

UNIVERSAL TRACTOR
2200 Brasov
Turnuluistr. 5
ROMANIA
Telex: 61335

UNIVERSITY OF NEWCASTLE UPON TYNE
Department of Agricultural Engineering
Newcastle upon Tyne NE1 7RU
UNITED KINGDOM

VALMET DO BRASIL S.A.
Rua Verbo Divino, 1601
C.P. 55347
São Paulo SP
CEP 04719
BRAZIL

VALPADANA S.P.A.
Via Lemizzone 2
42018 S. Martino in Rio (Reggio Emilia)
ITALY
Telex: 530481 Padana

WEYHAUSEN, H.
Postfach 1240
2875 Ganderkesee
GERMANY (F.R.)
Telex: 530481 wey d

YANMAR
Agricultural Equipment Co., Ltd
1-32 chayamachi, Kita-ku
Osaka
JAPAN

YANMAR U.K. s. JOHN CROFT MACHINERY

ZANELLO s. CONSTRUCCIONES METALURGICAS..

ZETOR s. AGROZET ZETOR K.P.

Deutsche Gesellschaft für Technische Zusammenarbeit (GTZ) GmbH
Dag-Hammarskjöld-Weg 1 + 2 · D 6236 Eschborn 1 · Telefon (0 61 96) 79-0 · Telex 4 07 501-0 gtz d

The government-owned GTZ operates in the field of Technical Cooperation. Some 4,500 German experts are working together with partners from some 100 countries in Africa, Asia and Latin America in projects covering practically every sector of agriculture, forestry, economic development, social services and institutional and physical infrastructure. – The GTZ is commissioned to do this work by the Government of the Federal Republic of Germany and by other national and international organizations.

GTZ activities encompass:

- appraisal, technical planning, control and supervision of technical cooperation projects commissioned by the Government of the Federal Republic of Germany or by other authorities
- advisory services to other agencies implementing development projects
- the recruitment, selection, briefing and assignment of expert personnel and assuring their welfare and technical backstopping during their period of assignment
- provision of materials and equipment for projects, planning work, selection, purchasing and shipment to the developing countries
- management of all financial obligations to the partnercountry.

The series **"Sonderpublikationen der GTZ"** includes more than 230 publications. A list detailing the subjects covered can be obtained from the GTZ-Unit 02: Press and Public Relations, or from the TZ-Verlagsgesellschaft mbH, Postfach 1164, D 6101 Roßdorf 1, Federal Republic of Germany.